DIGITAL SERIES

未来へつなぐ
デジタルシリーズ

インターネットビジネス概論

片岡信弘
工藤　司
石野正彦
五月女健治　著

1

第2版

共立出版

Connection to the Future with Digital Series
未来へつなぐ デジタルシリーズ

編集委員長： 白鳥則郎（東北大学）

編集委員： 水野忠則（愛知工業大学）
高橋　修（公立はこだて未来大学）
岡田謙一（慶應義塾大学）

編集協力委員：片岡信弘（東海大学）
松平和也（株式会社 システムフロンティア）
宗森　純（和歌山大学）
村山優子（岩手県立大学）
山田圀裕（東海大学）
吉田幸二（湘南工科大学）

（50 音順）

未来へつなぐ デジタルシリーズ　刊行にあたって

　デジタルという響きも，皆さんの生活の中で当たり前のように使われる世の中となりました．20世紀後半からの科学・技術の進歩は，急速に進んでおりまだまだ収束を迎えることなく，日々加速しています．そのようなこれからの21世紀の科学・技術は，ますます少子高齢化へ向かう社会の変化と地球環境の変化にどう向き合うかが問われています．このような新世紀をより良く生きるためには，20世紀までの読み書き（国語），そろばん（算数）に加えて「デジタル」（情報）に関する基礎と教養が本質的に大切となります．さらには，いかにして人と自然が「共生」するかにむけた，新しい科学・技術のパラダイムを創生することも重要な鍵の1つとなることでしょう．そのために，これからますますデジタル化していく社会を支える未来の人材である若い読者に向けて，その基本となるデジタル社会に関連する新たな教科書の創設を目指して本シリーズを企画しました．

　本シリーズでは，デジタル社会において必要となるテーマが幅広く用意されています．読者はこのシリーズを通して，現代における科学・技術・社会の構造が見えてくるでしょう．また，実際に講義を担当している複数の大学教員による豊富な経験と深い討論に基づいた，いわば"みんなの知恵"を随所に散りばめた「日本一の教科書」の創生を目指しています．読者はそうした深い洞察と経験が盛り込まれたこの「新しい教科書」を読み進めるうちに，自然とこれから社会で自分が何をすればよいのかが身に付くことでしょう．さらに，そういった現場を熟知している複数の大学教員の知識と経験に触れることで，読者の皆さんの視野が広がり，応用への高い展開力もきっと身に付くことでしょう．

　本シリーズを教員の皆さまが，高専，学部や大学院の講義を行う際に活用して頂くことを期待し，祈念しております．また読者諸賢が，本シリーズの想いや得られた知識を後輩へとつなぎ，元気な日本へ向けそれを自らの課題に活かして頂ければ，関係者一同にとって望外の喜びです．最後に，本シリーズ刊行にあたっては，編集委員・編集協力委員，監修者の想いや様々な注文に応えてくださり，素晴らしい原稿を短期間にまとめていただいた執筆者の皆さま方に，この場をお借りし篤くお礼を申し上げます．また，本シリーズの出版に際しては，遅筆な著者を励まし辛抱強く支援していただいた共立出版のご協力に深く感謝いたします．

　　　　　　　　　「未来を共に創っていきましょう．」

編集委員会

白鳥則郎

水野忠則

高橋　修

岡田謙一

第2版　はじめに

　本書の初版は，2011年9月に上梓されたが，それから6年以上も経ち，この間にITは劇的な進歩を続けている．その中心となる技術は，AI，ロボット，IoT，ビッグデータ処理，自動運転である．これらのものは互いに関係しながら世の中に多大な変化をもたらそうとしている．

　AIにより今後10年から20年間で半数近くの仕事か失われるといわれているが，一方では，それ以上の新たな仕事を発生するといわれている．また，AIを搭載したロボットは，職場や家庭などあらゆる場所で活躍するようになる．

　IoTにより家電，車，カメラ，センサーなど，あらゆるモノがインターに接続され，自動検知や遠隔監視や遠隔制御が可能になり，これらを利用した新しいビジネスモデルが出現する．

　また，ビッグデータの解析により多数の事象の解明や予測が可能となってくる．これをAIで利用することにより今まで人間にしかできなかった多くの作業を自動で行うことが可能なる．その最たるものが自動運転である．

　一方では，圧倒的に企業側に主導権があった経済活動が，生活者がビジネスの起点になるように変遷してくる．CGM(Consumer Generated Media)での生活者の声は，企業活動を左右し，シェアエコノミーは，モノの所有から利用へと人々の生活を変化させて経済活動に大きな変化をもたらす．

　このような活動の基盤となっているのがインターネットであり，インターネットビジネス（インターネットを利用した活動の総称）はますますその重要性を増している．

　インターネットによるデジタルな取引（電子決済）は，現金の利用を消滅させる．北欧では，すでに現金が消えつつある国が存在し，中国でも都市部では，現金を扱わない店が増加している．また，スマートフォンのアプリは，社会のあらゆる場所で利用されるようになり，その利便性を高めている．たとえば，欧米や中国ではUberなどの配車アプリを利用しないとタクシーを呼ぶことが困難になっている．

　今回の第2版では，これらの変化を踏まえ，IoTによる新しいビジネスモデルや，ビットコインに代表される新しい電子マネーなどの最新の動向を取り込んだ．また，本書で取り上げている，各種統計データを最新とした．各種統計調査データは，毎年変化するため最新のものを共立出版ホームページの下記のURLよりダウンロードできるようにもした．

　　　　　http://www.kyoritsu-pub.co.jp/kenpon/download.html

　本書は，わかりやすく，読みやすいことを念頭に多くの事例をあげて説明している．このため，文系，理系の大学での授業とともに，社会人の方々にも利用していただけるように配慮し

た書き方となっている.

　ぜひ,多くの大学の講義でご利用していただけますよう,何卒よろしくお願い申し上げます.また,本書をまとめるにあたって,大変ご協力を戴きました,未来へつなぐデジタルシリーズ編集委員長の白鳥則郎先生,編集委員の水野忠則先生,高橋修先生,岡田謙一先生および,編集協力委員の松平和也先生,宗森純先生,村山優子先生,山田圀裕先生,吉田幸二先生,ならびに共立出版の編集部の方々および島田誠氏に深くお礼を申し上げます.

　2018 年 3 月

片岡 信弘

工藤 司

石野 正彦

五月女 健治

はじめに

　ここ十数年間で世界的に急速なインターネットの普及拡大と技術発展はめざましい．同時に，インターネットは生活の中に多くの利便性をもたらした．インターネット上のバーチャルな空間でメールやブログ，Twitter を使って多くの人といつでもコミュニケーションが可能である．商品やコンテンツ，情報なども簡単に手に入れられるようになった．今なお，インターネットビジネスは様々なビジネスモデルを創造して発展を続けている．

　本書の目的はインターネットが日常生活で不可欠となっている時代に，インターネットを利用するビジネス全般の基礎を学ぶことである．また，本書は大学の講義で使用する教科書としてインターネットビジネス全体の概論についてまとめたものである．本書で扱うインターネットビジネスとは，ネットワーク化された技術を利用することにより，モノ，サービス，情報および知識の伝達と交換を効率的に行うことである．本書はインターネットビジネスのユーザの立場に立った視点から書いている．また，コンピュータやブロードバンドなど，多少の基礎知識を有する技術系や文科系の学生を対象に，インターネットビジネスにおけるビジネスモデル，電子商取引，電子決済，デジタルコンテンツ，マーケティング，ネットワーク，情報セキュリティ，ウイルス対策，インフラ技術，電子認証，情報倫理と法，将来動向など多方面にわたって概説したものである．

　本書の構成は以下の通りである．

　インターネットビジネスの定義，歴史，特長，動向について，第 1 章の「インターネットビジネスとは」で紹介し，第 2 章の「ビジネスモデル」で，代表的なビジネスモデルの B to B, B to C, C to C, ネットコミュニティ (SNS)，ポータルサイト，デジタルコンテンツ，ビジネスモデル特許などを概説する．

　また，第 3 章の「電子商取引」では，電子商取引の定義，非 e ビジネスとの違いを紹介し，

(1) B to B（B to B の事例，電子入札，マーケットプレイスなど）
(2) B to C（B to C の事例，ネットモールなど）
(3) C to C（C to C の事例，ネットオークションなど）
(4) 取引の変化（ロングテール，デル・ダイレクト・モデル）
(5) 電子商取引の動向などについて概説する．

電子商取引で不可欠である「電子決済」は，第 4 章で電子決済の定義，電子マネーの種類および，発行残高の推移，IC カードによる電子決済 の仕組みについて概説する．

一方で，第5章で消費者の需要が高まっている「デジタルコンテンツ」の種類と，デジタルコンテンツの配信技術とビジネス展開などについて紹介する．

　第6章では，「インターネットマーケティング」を紹介し，第7章で「検索エンジン」を述べ，第8章で「データマイニング」の活用を挙げて，これらの各章で，消費者の購買行動の変化，インターネット広告の動向，検索エンジンの重要性と仕組み，SEO，データマイニングよるマーケティング，リコメンデーションの仕組みについて紹介する．

　また，インターネットビジネスのための「インフラ」は，第9章にASPとISPを取り上げる．インターネット関連のセキュリティ関連について第10章「情報セキュリティ」と第11章の「コンピュータウイルス対策」で，セキュティの脅威の種類，情報漏えいのパターン，情報漏えい防止策などについて挙げ，コンピュータウイルスの種類と被害，ウイルス対策を概説する．

　インターネット利用者を認証するための「電子認証」について第12章で挙げ，電子認証暗号方式，電子署名について概説する．「インターネットビジネスの倫理と法律」について，第13章で紹介する．

　最後に第14章で「インターネットビジネスの動向」について紹介する．また，各章に学習のポイントやキーワードの復習と演習問題，そして，第15章で全体のまとめ，演習問題，巻末には用語集を追加して，教科書を活用しやすくした．用語集があるので，各章の用語でわからないことがあるときに参照できるようにしている．

　ぜひ，多くの大学の講義でご活用いただけますよう，何卒よろしくお願い申し上げます．また，本書をまとめるにあたって，大変ご協力を戴きました，情報系教科書シリーズの編集委員長の白鳥則郎先生，編集委員の水野忠則先生，高橋修先生，岡田謙一先生および，編集協力委員の松平和也先生，宗森純先生，村山優子先生，山田圀裕先生，吉田幸二先生，ならびに共立出版の編集部の島田誠氏，他の方々に深くお礼を申し上げます．

2011年9月

片岡 信弘

工藤 司

石野 正彦

五月女 健治

目　次

刊行にあたって　　i
第2版　はじめに　　iii
はじめに　　v

第1章
インターネットビジネスとは　1

1.1 インターネットビジネスとは	1
1.2 インターネットビジネスの特徴	2
1.3 インターネットビジネスが社会に与えた影響	5
1.4 インターネットビジネスの歴史	5
1.5 本書を理解するための予備知識	8

第2章
ビジネスモデル　10

2.1 ビジネスモデルとは	10
2.2 産業の変化　顧客から"個客"へ	12
2.3 ビジネスモデルの変革は何をもたらしたか	12
2.4 電子商取引 (e-commerce)	12
2.5 代表的なビジネスモデル	13
2.6 ビジネス方法の特許	19

第3章
電子商取引　21

| 3.1 B to B | 21 |

	3.2	
	B to C	**24**

	3.3	
	C to C	**29**

	3.4	
	電子商取引のインパクト	**29**

第4章
電子決済　35

4.1	
電子決済とは	**35**

4.2	
電子マネーとは	**36**

4.3	
各種電子マネーの概要	**39**

4.4	
電子マネーの利便性	**43**

4.5	
電子マネー運営業者の戦略	**44**

4.6	
電子マネーの技術	**45**

4.7	
電子マネーを支えるインフラ	**46**

4.8	
電子マネーの市場規模	**47**

第5章
デジタルコンテンツ　50

5.1	
デジタルコンテンツとインターネット	**50**

5.2	
デジタルコンテンツ配信ビジネス	**51**

5.3	
消費者生成メディア	**56**

目 次 ◆ ix

5.4	デジタルコンテンツの動向	59

第6章
インターネットマーケティング　64

6.1	マーケティングとインターネット	64
6.2	インターネット広告	66
6.3	ネットショップにおける検索戦略	70
6.4	ネットショップ内におけるプロモーション	72
6.5	消費者による情報の共有	75
6.6	インターネットマーケティングの動向	76

第7章
検索エンジン　79

7.1	情報爆発と検索サービス	79
7.2	ディレクトリ型検索エンジン	81
7.3	ロボット型検索エンジン	83
7.4	SEO	87
7.5	検索エンジンの補完手法	88

第8章
データマイニング　92

8.1	データマイニングとは	92

	8.2	
	データマイニングよるマーケティング	**95**

	8.3	
	リコメンデーション	**98**

第9章

インターネットビジネスのためのインフラ　105

	9.1	
	インターネットビジネスにおけるインフラの目的	**105**

	9.2	
	ISP	**106**

	9.3	
	ブロードバンド	**107**

	9.4	
	ASP	**110**

	9.5	
	ハウジング／ホスティング／データセンター	**112**

	9.6	
	各インフラの関係	**114**

第10章

情報セキュリティ　116

	10.1	
	安全なインターネットビジネス利用のために	**116**

	10.2	
	パスワードの適切な設定と管理	**120**

	10.3	
	インターネットビジネスで何を守るか	**122**

	10.4	
	情報漏えいのパターンと事例	**123**

	10.5	
	ファイル共有ソフトウェアによる情報漏えいの危険性	**125**

第11章
コンピュータウイルス対策　128

11.1　コンピュータウイルスとは	**128**
11.2　コンピュータウイルスの感染経路	**129**
11.3　コンピュータウイルスによる被害内容	**130**
11.4　コンピュータウイルスの被害状況	**131**
11.5　コンピュータウイルス対策	**132**
11.6　ウイルスに感染した時の処置	**134**

第12章
電子認証　136

12.1　電子認証の目的	**136**
12.2　暗号	**137**
12.3　PKI	**141**
12.4　ユーザ認証	**144**
12.5　活用例	**147**

第13章
インターネットビジネスの倫理と法律　152

13.1　インターネットビジネスの光と影	**152**
13.2　情報倫理と法	**153**
13.3　知的財産権	**154**

	13.4	
	個人情報保護	**156**
	13.5	
	インターネットビジネスで適用される主な法律	**159**
	13.6	
	電子商取引における刑事責任の例	**162**
	13.7	
	IT 基本法	**162**
	13.8	
	情報セキュリティに関する 9 つの原則	**163**
	13.9	
	契約の成立	**164**

第 14 章
インターネットビジネスの動向　166

	14.1	
	クラウド・コンピューティング	**166**
	14.2	
	IoT ビジネスの動向	**168**
	14.3	
	電子マネーの動向	**171**

第 15 章
まとめ　174

	15.1	
	学習のポイント	**174**
	15.2	
	総合演習問題	**180**

用語解説表　182

索　引　187

第1章
インターネットビジネスとは

□ 学習のポイント

　インターネットの利用が開始されて以来，ビジネスのあらゆる局面でインターネットの利用が推進されてきた．インターネットは，対面の会話，手紙，電話に次ぐ第4のコミュニケーション手段ともよばれている．これを利用することで，これまでのビジネスに存在していた時間，空間の制限を大幅に越えた活動が可能となった．これにより新しいビジネスモデルの創出がなされるとともに企業と顧客の関係に大きな変化がもたらされた．この章では，本書で取り上げているインターネットビジネスと何か，またその特徴は何かについて，本書全体のイントロダクションとなる説明を行う．

- ビジネスを構成する要素として，扱う対象物，ビジネスを行うプレイヤー，ビジネスのやり方であるプロセスが存在することを理解する．
- インターネットビジネスでは，対象物，プレイヤー，プロセスのいずれかが電子化され，ネットワークが利用されていることを理解する．
- インターネットビジネスとは，ネットワーク化された技術を利用することにより，モノ，サービス，情報および知識の伝達と交換を効率的に行うことを理解する．
- 電子商取引はインターネットビジネスの一部を構成し，ネットワーク化された技術を利用することにより，モノ，サービス，情報および知識の契約や決済を効率的に行うことを理解する．
- インターネットビジネスは，消費者の購買行動の変化，産業構造へのインパクト，売り手と買い手の新しい関係を作りだしたことを理解する．

□ キーワード

　インターネットビジネス，第4のコミュニケーション手段，電子化，電子商取引，産業構造へのインパクト，消費者購買行動，B to B，B to C

1.1　インターネットビジネスとは

　この本で取り上げるインターネットビジネスとは，インターネットを取り入れた新しいビジネスの形態全般である．ここでのビジネスとは，金銭的な取引の狭い意味だけではなく，企業や組織の活動全般を指す言葉である．したがって営利企業，非営利組織，行政機関での活動，あるいはこれに付随する個人の活動全般を網羅したものである．

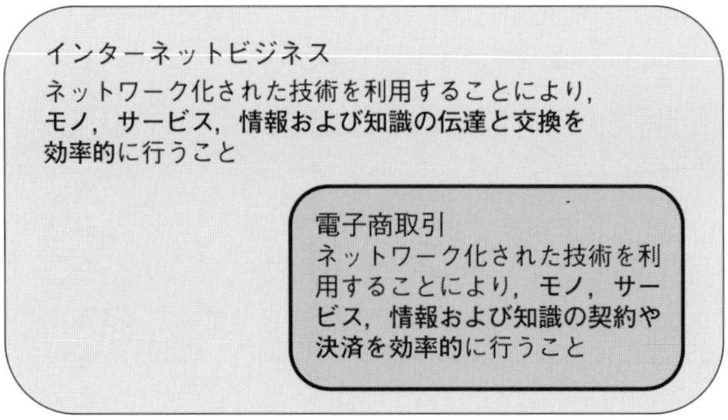

> **インターネットビジネス**
> ネットワーク化された技術を利用することにより，モノ，サービス，情報および知識の伝達と交換を効率的に行うこと
>
> > **電子商取引**
> > ネットワーク化された技術を利用することにより，モノ，サービス，情報および知識の契約や決済を効率的に行うこと

図 1.1 インターネットビジネスとは．

インターネットビジネスは「e-ビジネス」とよばれることがある．これは IBM 社の会長であった Louis V. Gerstner, Jr.（ルイス・ガースナー）が 1997 年に提唱した「e-business」が基となっている [1]．ここでは，企業内の活動および企業間の取引，顧客との取引にインターネットを活用することにより効率化を図ることをうたっている．

インターネットの普及と共に「e-ビジネス」の呼称は一般化してきたが，明確な定義はなく，表記も各社まちまちである．例えば次のような表記が存在する．

　　　　・E-Business　　　・e-business　　　・E ビジネス　　　・e-ビジネス

1 つの定義として「e-ビジネスとは，ネットワーク化された技術を利用することにより，モノ，サービス，情報および知識の伝達と交換を効率的に行うことである」が存在する [2]．本書もこの定義に従い，モノ，サービス，情報，知識の 4 つの側面からインターネットに代表されるネットワーク化技術が，ビジネスにどのように活用されていくかを捉えていくことにする．ネットワーク化技術を活用するためには，モノ，サービス，情報，知識の電子化が重要な役割を担う．「e-ビジネス」の「e」は電子化の意味が込められていると考える必要がある．

また，この本では，「e-ビジネス」よりもより一般的な名称として「インターネットビジネス」という言葉を利用するが，意図するところは同じである．

一方，電子商取引（EC（e-commerce））という言葉が存在する．これは，「ネットワーク化された技術を利用することにより，モノ，サービス，情報および知識の契約や決済を効率的に行うこと」を指す言葉であり，インターネットビジネスよりも限られた領域であると考えることができる．インターネットビジネスと電子商取引の関係を図 1.1 に示す．

1.2 インターネットビジネスの特徴

インターネットビジネスを分解するとインターネットは道具であり，ビジネスは活動である．インターネットすなわちネットワーク技術を中心した情報技術を活用することが 1 つの柱となる．もう一方の柱は，ビジネスすなわち活動であり，モノ，サービス，情報，知識の伝達を行うこととなる．また，モノ，サービス，情報，知識をネットワークで伝達するためには，これ

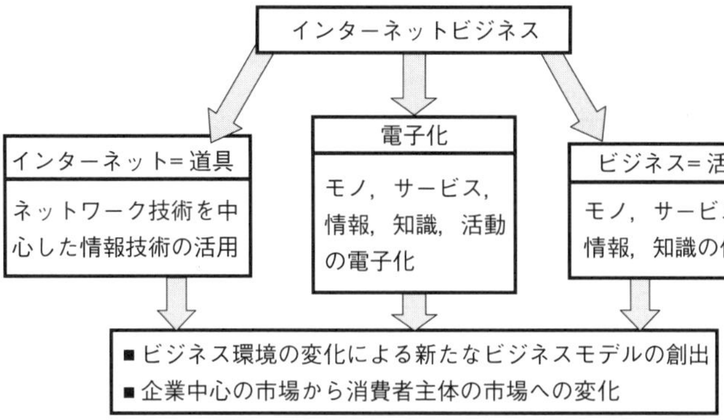

1.2 インターネットビジネスの特徴 ◆ 3

図 **1.2** インターネットビジネスの特徴.

らや活動が電子化されていることが必要となる．

その結果として，従来の物理的な伝達手段に対してスピードの向上，企業から消費者への直接の商品の販売や情報の伝達によりビジネス環境の変化が発生し，販売の仲立ちを行っていた仲介業者の役割に大きな変化が発生してきた．このような変化により，新たなビジネスモデルの創出がなされた．また，企業と消費者が直接つながることにより従来は，企業中心であった市場が消費者主体の市場へと変化してきた．これらを図 1.2 に示す．

次にインターネットビジネスと非インターネットビジネスの違いを示す．ビジネス（活動）には，次の 3 つの構成要素が存在する．

① 対象物：ビジネスの対象となるものでありモノ，サービス，情報，知識などが存在する．
② プレイヤー：対象物の販売者（送付者），購入者（受け手）である営利企業，非営利組織，行政機関などでの人や，コンピュータシステムが存在する．また，消費者である個人が存在するが，インターネットビジネスの場合はこの個人の代わりにパソコンがプレイヤーとなることがある．
③ プロセス：対象物とプレイヤーの間を相互に関係づけるものである．また，対象物の生産や作成，検索，注文，支払い，配達，マーケティングなどの活動が含まれる．

インターネットビジネスではない従来のビジネスでは，対象物，プレイヤー，プロセスすべて実体が存在する．例えば，本の販売では，対象物である本は実体であり，プレイヤーは実在する本屋の販売員と顧客の実体であり，プロセスは顧客が足を運ぶあるいは，郵送で取り寄せるという実体である．

一方，インターネットビジネスでは，対象物，プレイヤー，プロセスいずれかが電子化されている．例えば，インターネット販売では，対象物は実体のままであるが，プレイヤーである販売員の代わりにコンピュータが存在し，インターネットの先に顧客の代わりのパソコンが存在する．購入プロセスも電子化されているが，購入したものを宅配便で配送するプロセスは実体のままであるし，支払い方式も代引きやコンビニ支払いの場合は実体のままである．このようにインターネットビジネスといえどもすべてが電子化されているわけではなく，いろいろな

表 1.1 従来ビジネスとインターネットビジネス.

タイプ	対象物	プロセス	プレイヤー	事 例
タイプ 1	実体	実体	実体	従来ビジネス
タイプ 2	電子化	すべて電子化	すべて電子化	音楽のダウンロード販売 *1 インターネットバンキング *1
タイプ 3	実体	一部電子化	電子化	物品のインターネット販売 *2
タイプ 4	実体	一部電子化	一部電子化	物品ホームページ確認後の 商店での購入 *3
タイプ 5	実体	一部電子化	実体	電子マネーでの物品の購入 *4

*1 実体のあるものは何は移動しない
*2 購入した物品は，実体のある宅配業者で送付
*3 ホームページ確認後実体の商店で実体の顧客が購入
*4 支払いのプロセスのみ電子化

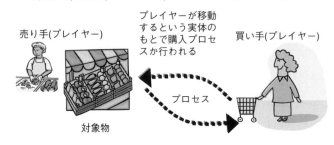

図 1.3 従来ビジネス.

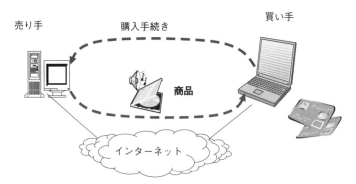

図 1.4 インターネットビジネス（すべてが電子化の場合）.

要素に実体を含んでいるのが実情である．このいくつかの事例を表 1.1 に示す．また，従来ビジネスの事例とすべての要素が電子化されている音楽の有料ダウンロードの事例を図 1.3，1.4 に示す．

1.3 インターネットビジネスが社会に与えた影響

インターネットビジネスの普及により様々な分野で大きな変化が発生している．これらを概観してみる．

(1) 消費者の購買行動の変化

インターネット購買は，まず欲しいものの検索から行うため検索サイトの重要性が格段と大きくなってきた．また，購入時に他人の評価が重要な決定要素となるため口コミサイトの需要が高まり，これらを利用する消費者の購買行動が大きく変化してきた．

(2) 産業構造へのインパクト

インターネットによるデジタルコンテンツ販売や配布はこれに関する産業構造に大きなインパクトを与えている．例えば，音楽は1曲単位のダウンロードでの購入が可能となり，CDの生産数量は，1998年に比較して2009年は46%にまで減少している [4]．

また，多数のサイトでニュースを始めとする様々なコンテンツを発信するビジネスが大きく成長している．これは多くの場合，広告収入に支えられ利用者は無料で利用できるケースが多い．インターネット広告費の総額の推移を見ると，2004年にラジオの広告費の総額を抜き，2006年に雑誌広告総額を抜き，2009年には総額7069億円となり6739億円の新聞の広告総額を抜いている [5]．このことからも，インターネットビジネスの成長を見ることができる．

(3) 売り手と買い手の新しい関係

インターネットにより，売り手と買い手が直接コミュニケーションを行うことや，インターネットにより買い手が商品に関する様々な情報を発信することにより，売り手と買い手の関係が大きく変化してきている．従来は，大きな力を持っている企業が圧倒的に強い立場にいたが，消費者である買い手がブログなどにより発信する様々な情報により，ある意味で対等の立場になってきたといえる．また，インターネットビジネスでは，仲介者不要（中抜き）の直接販売により流通費コスト削減につながり，販売価格を下げることができるようになった．このような中間業者を通さない直接販売は，消費者とコミュニケーションをより密なものとし，直接に消費者の声が聞こえるようになってきた．

1.4 インターネットビジネスの歴史

インターネットビジネスは，インターネットの発展と共に大きく進展したが，その以前にもネットワークを利用した電子商取引は存在している．これは，EDI (Electronic Data Interchange) とよばれるものであり，取引のためのデータを，通信回線を介してコンピュータ間でやり取りする方式である．インターネットが普及するまでは，企業間を専用のネットワークで接続する方式で行われた．ネットワークのコスト等の問題のため，主として大企業中心に利用された．

もともとは，研究機関の利用が目的で始まったインターネットは，1988年に米国で商用利用

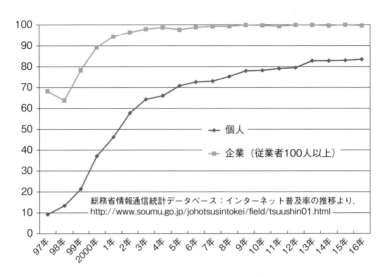

図 1.5　インターネットの普及率の推移．

が開始され，続いて日本でも 1992 年に商用利用が開始された．これに伴いインターネットを利用した電子商取引や Web サイト，メールの利用が企業を中心に進展することとなる．これは，図 1.5 でわかるように 1997 年末では，大企業でのインターネットの利用率は 70％程度まで達している．一方，この時点の個人への普及率は 10％程度に過ぎない．しかし，この年より世帯普及率は急速に増加し 2003 年末には，65％に達している．消費者を対象としたインターネット販売がこの時期より急速に進展し始めたといえる．EDI もインターネットで利用可能となり中小企業にも普及が進みだした．

　一方，消費者を対象としたインターネット販売の日本での草分けは，楽天であるといわれている．楽天は，1997 年 2 月に開業している．その後加盟店が参加するネットモール方式とし，2011 年には，加盟店が 38,000 店を超えている [6]．

　一方，国内発の商用検索サイトとして Yahoo! JAPAN がサービスを開始したのは，1996 年 4 月である．この時点では，Yahoo! 天気予報，Yahoo! ニュースが開始された．1999 年に Yahoo! ショッピング，Yahoo! オークションの電子取引のサービスが開始された．Yahoo! は検索ポータルサイトからスタートしそのサービス内容を拡充していったのが特徴である．2009 年には，1 日当りの総アクセス回数が 20 億ページを突破している [7]．

　書籍のインターネット販売の草分けである，アマゾンの日本法人は 2000 年 11 月に運営開始している（米国本社は 1995 年 7 月に運営開始）．現時点では，ファッション，家電製品から食料品までをうたい文句としたあらゆるものの販売のサイトとなっている．これらの簡単な年表を図 1.6 に示す．

　電子商取引の動向を企業間の取引である B to B (Business to Business) と，企業と消費者間の取引である B to C (Business to Consumer) の市場規模の推移で見てみる．図 1.7 に示すよう B to B の市場規模は順調に拡大しており，2016 年には，204 兆円となっている．一方，

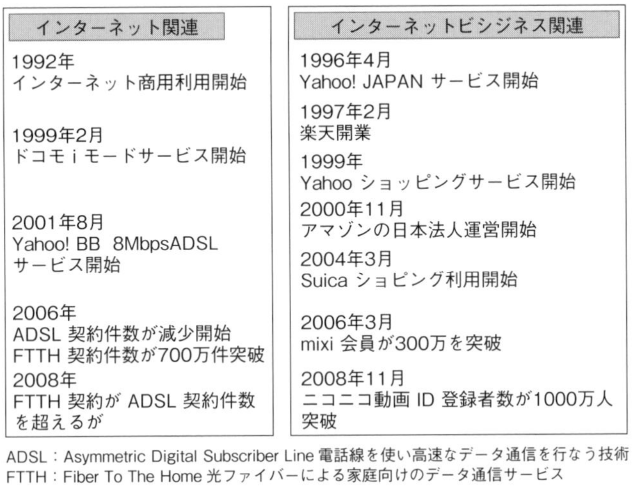

図 1.6 インターネットビジネスの概略年表.

図 1.7 B to B 市場規模の推移.

EC 化率（取引のうち，何%がインターネットで取引されたかの割合）も，順調に伸びており，2016 年には 19.8%となっている．

なおこれらの数値には，専用回線で行われている電子商取引は含まれておらず，これを含むと市場規模は 290 兆円を超えており，EC 化率も 28%を超えている．

一方，B to C の市場規模は，図 1.8 で示すように，2016 年で 15.1 兆円に過ぎず，EC 化率も 5.4%に過ぎない．しかし，規模，EC 化率共に順調に増加しており，今後の一層の増加が期待される．また，インターネット広告市場が急速な伸びを示していることは，1.3 節で述べた通りでありこれが相互の大きな牽引役になっているといえる．

図 1.8 B to C 市場規模の推移．

1.5 本書を理解するための予備知識

本書を理解するために特にコンピュータの専門知識は必要としない．しかし，インターネットでのモノ，サービスの購入や情報，知識の獲得などの何らかのインターネットビジネスの利用経験があることは，内容の理解の助けになると考えられる．

演習問題

設問1　ビジネスを構成する要素を 3 点述べよ．

設問2　インターネットビジネスと非インターネットビジネスの違いを述べよ．

設問3　インターネットビジネスと電子商取引の定義をそれぞれ述べよ．

設問4　インターネットビジネスが社会に与えた影響を述べよ．

設問5　B to B の市場規模はなぜ B to C の市場規模より格段に大きいのかを述べよ．

参考文献

[1] IBM Archives 1997. http://www-03.ibm.com/ibm/history/history/year_1997.html
[2] アーサーアンダーセン編：図解 e-ビジネス，東洋経済新報社　(2000)．
[3] 総務省：情報通信統計データベース，インターネット普及率の推移．

http://www.soumu.go.jp/johotsusintokei/field/tsuushin01.html

[4] 日本レコード協会：音楽ソフト種類別生産数量の推移.

http://www.riaj.or.jp/data/quantity/index.html

[5] 電通 NEWS RELESE（2010 年 2 月 22 日）.

http://www.dentsu.co.jp/news/release/2010/pdf/2010020-0222.pdf

[6] 楽天の歴史

https://corp.rakuten.co.jp/about/history.html

[7] ヤフーの歴史

https://about.yahoo.co.jp/pr/history.html

[8] 経済産業省：平成 29 年度電子商取引に関する市場調査.

http://www.meti.go.jp/press/2017/04/20170424001/20170424001.html

第2章
ビジネスモデル

□ 学習のポイント

　第1章でインターネットビジネスの特徴や概要について紹介したが，この章ではインターネットビジネスのビジネスモデルとは何か，どのような種類があるのかについて全体を説明する．インターネットのビジネスモデルの変革によって，何がもたらされたかを学ぶ．また，代表的なビジネスモデルの仕組みと特徴を紹介する．本章は，次の事項についての理解を目的とする．

- インターネットビジネスのビジネスモデルと種類について理解する．
- ビジネスの変遷についての歴史を理解する．
- ビジネスモデルの変革について紹介する．
- 電子商取引とは何かを理解する．
- 主なビジネスモデルを紹介し，特徴を理解する．
- ビジネス方法の特許について理解する．

□ キーワード

　ビジネスモデル，カスタマイゼーション，電子商取引 (e-commerce)，B to B，B to C，C to C，B to B to C，B to G，B to E，SNS，インターネット広告，ビジネス方法の特許

2.1　ビジネスモデルとは

　一般的にはビジネスモデルは事業やサービスの仕組みのことを表し，企業が行っている事業活動，もしくはこれからの事業構想を表現するモデルのことである．これを簡単に表現すると，「儲けを生み出すビジネスの仕組み」である．ビジネスモデルの4要素には，ヒト，モノ，カネ，情報がある．一方で，政府，地方自治体，NGOなどが運営するビジネスモデルもある．例として，国税庁には国税の電子申告・納税システム e-Tax があり，国税の申告手続などをインターネットを利用して自宅からでも手続きが行える．また，図書館利用などでも，インターネットで簡単に蔵書の検索や予約ができるなど便利である．

　本書ではとりわけ，インターネットビジネスでのビジネスモデルについて取り扱いの範囲とする．多くの企業は顧客へ製品やサービスを提供して対価を得ることが第一目的であり，様々

なプロセスと情報システムおよびノウハウなどを駆使して事業を運営している．第1章で紹介したインターネットビジネスの対象物についての「電子化と実体の範囲」や「プレイヤーとそれらの取り巻く環境」が多様であり，年代と共に新しいビジネスモデルが登場している．また，特定企業がビジネスモデルを独占できるような「ビジネス方法の特許（ビジネスモデル特許ともよぶ）」がある．身近な例として回転寿司店で例えると，回転している寿司を顧客が取って食べるような店の仕組みがビジネスモデルであり，寿司をどのように効率よく運んで顧客に選んでもらえるようにするかの仕組みはビジネス方法の特許になり得る．

このビジネスモデルという言葉は，以下の3つの意味で使われることが多い．

① ビジネスの概要を示すもの

ビジネススキーム：事業やビジネスの枠組みのこと．

ビジネスシステム：企業の販売管理，生産管理，在庫管理，顧客管理など，業務の合理化を目的とした様々なシステム

② ビジネスの特性を示すもの

ビジネス戦略　　　：企業の経営戦略

ビジネスコンセプト：企業の理念や方針

③ ①，②の両方

ビジネスモデル：事業やサービスの仕組み

ビジネスプラン：事業計画

特にビジネスモデル（上記①の意味）の歴史について次の段階に分類して振り返ってみる．

第一段階のビジネスモデル革命

- 石炭，蒸気機関を動力源とする軽工業が発展した（主に18世紀）．
- 世界各国から原料を輸入し，良質で安価な工業製品を世界中に輸出．世界規模で物を作って売る仕組みが近代での最初のビジネスモデル革命である．

第二段階のビジネスモデル革命

- 石油，電力という新たなエネルギー源を利用した重工業と，化学製品などを生み出した重化学工業が発展した．
- "乗用車と家電"などを量産し，消費者へ大量に製品を提供した．

第三段階のビジネスモデル革命

- コンピュータとネットワークによる情報システムを活用した新しいビジネスモデル

この歴史を見ても，テクノロジーの進歩に併せてビジネスモデルを変革させて，豊かな社会を形成してきたことがわかる．そこで，本書では，上記①，②の両方の合わせた③の意味での事業やサービスの仕組みをビジネスモデルとして取り上げる．

2.2 産業の変化 顧客から "個客" へ

前節のビジネスモデルの変革の歴史の中で，特に第三段階のビジネスモデル革命で顧客ニーズの変化も起こった．つまり，顧客のニーズが多様化してきた．この顧客ニーズの変化に併せて，産業の生産形態も少品種多量生産から多品種少量生産へ変革してきた．したがって，顧客ごとに製品のカスタマイゼーションを必要とし，マスで捉えていた顧客から「個客」へ変化したため，これらに対応したマーケティングが必要となった．よって，多様化する顧客ニーズの中から，自社製品を認知してもらい，できるだけ多くの顧客に購入してもらえるようなマーケティングサポートが必要となった．この課題に対する1つの解決策がインターネットなどのIT (Information Technology) である．例えば，メーカが仲介業者や販売店を通さずに消費者とダイレクトに接点を持てる新たなビジネスモデル (B to C) が発展するようになった．さらに販売促進の面でも，メーカから顧客への商品情報の提供や顧客ニーズに対応した問い合わせサービスの提供などが増えた．

2.3 ビジネスモデルの変革は何をもたらしたか

上記のインターネットによるビジネスモデルの変革は効率化と融合化を実現し，現代社会に多くの豊かさをもたらしたといえる．

① 効率化と価値向上

- インターネットや企業内でのWeb技術を利用したイントラネットおよびパソコンの導入によって，企業内での情報の共有化が進展した．
- 取引されるモノやサービス，情報などの品質や付加価値を高めた．

② 融合化

- インターネット，電子商取引により，産業間の垣根がなくなり，国や組織，立場を越えたスーパーローカライゼーションが実現し，コスト削減をもたらした．スーパーローカライゼーションの代表例として，流通小売業のセブン&アイ・ホールディングスがセブン銀行を設立するなどが挙げられる．また，インターネットでゲーム機器のPlayStationをグローバルな販売活動で展開しているソニー・コンピュータエンタテインメントなども挙げられる．

2.4 電子商取引 (e-commerce)

図2.1の示す，インターネットビジネス全体は，「ネットワーク化された技術を利用することにより，モノ，サービス，情報および知識の伝達と交換を効率的に行うこと」を表し，電子商取引は「インターネットなどのネットワークを利用して，契約や決済などを行う取引形態」である．

本書では，インターネットビジネスは，ネットワークの種類や取引の内容などを限定しない，包括的な意味として扱い，ビジネス上の取引がITを使用してネットワーク上で効率的に行わ

図 2.1 インターネットビジネスの活用.

れる技術，処理，運用のことである．インターネットビジネスは，電子商取引 (e-commerce) の部分を包含している．

2.5 代表的なビジネスモデル

(1) 対象物による分類

　ビジネスモデルの対象物が何であるかで分類すると，実体商品の販売，デジタルコンテンツ販売や情報提供および，仲介サービスがある．総務省の「平成 22 年度の通信利用動向調査」[1] によると，平成 22 年の 1 年間にインターネットにより，購入や取引をした商品やサービスを男女別に見ると，男性では，「デジタルコンテンツ」が 41.9％と最も高く，次いで，「趣味関連品・雑貨」(39.2％)，「書籍・CD・DVD 等」(37.0％) となっている．女性では「衣料品，アクセサリー類」が 48.5％と最も高く，次いで，「デジタルコンテンツ」(39.3％)，「書籍・CD・DVD 等」(32.3％) となっている．購入や取引をしたデジタルコンテンツの内訳を見ると，男性では，「音楽」が 57.1％と最も高く，次いで，「着信メロディ，着うた」(39.7％)，「ゲーム」(29.5％) となっている．女性では，「着信メロディ，着うた」が 58.4％と最も高く，次いで，「音楽」(58.1％)，「待ち受け画面」(23.3％) となっている．

(2) 対価による分類

　ビジネスの対価として，商品販売やサービスの提供による代金収入，仲介手数料や会費および，広告収入などがある．

① ネットショップ

　商品やデジタルコンテンツを販売して代金を得るモデルである．代表的なモデルとして，アマゾン (Amazon.com) がある．とくに，販売が増えているデジタルコンテンツの種類について次に説明する．

② ネット上の場所貸しサービス

　Yahoo! オークションなど，ユーザがインターネットで必要とするサービスを提供して利用者数を増やし，電子商取引仲介サービスなどで収入を得ている．

③ ゼロマージンモデル

　このモデルはユーザがインターネットで必要とするサービスを無料で提供して，広告で収入を得る．例えば，ポータルサイトは，インターネットの入り口となる巨大な Web サイトで，検索エンジンやリンク集を中心として，ニュースや株価などの情報提供サービス，Web

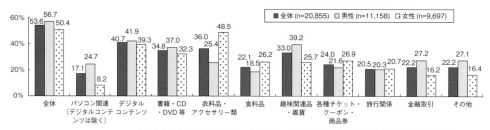

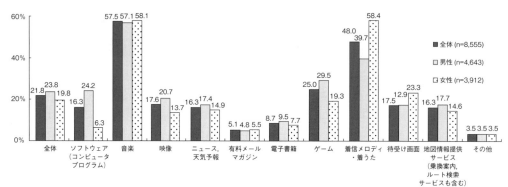

図 2.2　平成 22 年度通信利用動向調査 [1]（出典：総務省）．

メールサービス，電子掲示板，チャット，オンライン辞書など，ユーザがインターネットで必要とするサービスを無料で提供して利用者数を増やし，広告で収入を得ている．つまり，インターネットの多くのサービスを利用する際のダッシュボードとなる総合 Web サイトである．このポータルサイトのビジネスモデルでは，サイトの集客力を生かして広告で収入を得ている．情報提供サービスや仲介サービスなどの企業からの広告収入によってビジネスモデルが成立している．

④ ゼロマージンモデルの発展型

　　ソーシャルネットワーキングサービス (Social Networking Service) は，人と人とのつながりを促進・サポートするコミュニティ型の Web サイトである．友人，知人間のコミュニケーションを円滑にする手段や場を提供し，趣味や嗜好，居住地域，出身校，あるいは友人からの紹介などの多くの人とのつながりを通じて新たなインターネット上でコミュニティの場を提供する会員制のサービスである．ユーザ登録数が多い代表的な SNS として mixi, Facebook や GREE がある．

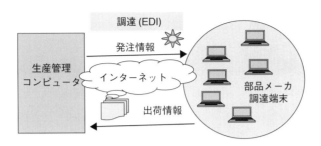

図 2.3 インターネット EDI の概要図.

(3) プレイヤーによる分類

ビジネスモデルに関係するプレイヤーで分類すると以下のようなビジネスモデルがある．

① B to B

企業と企業間のビジネスの取引環境を，B to B (Business to Business) とよぶ．B to B は，電子商取引 (EC) の形態の1つで，取引対象物としては，一般商品，人材派遣，コンテンツなど多岐にわたり，電子商取引の市場の大半は B to B である．特定および不特定ユーザが必要とするシステム機能をネットワークを通じて提供する ASP (Application Service Provider) 業者や B to B 取引で生じる一連のプロセスをすべてシステム化してサービスとして提供するビジネスモデルもある．

従来，特定業者からの部材調達で電子取引を EDI (Electronic Data Interchange) とよんで普及してきた．業界ごとに標準通信プロトコルやファイル形式が定められ，インターネットを利用したインターネット EDI が拡大している．図 2.3 に示すような B to B では，企業と企業が，設計・開発から部品の調達，生産，物流，販売の過程とサービス提供などのあらゆる段階でインターネットを利用している．さらに，発展した SCM (Supply Chain Management) では，例えば設計や部品データの交換や受発注データの交換，決済までの処理を行う．なお，SCM については，第3章で詳細を説明する．B to B は，取引の電子化による効率化のみならず，その最終的な目標としてビジネスプロセスの効率化，組織のリエンジニアリング，最終的には収益の向上を達成することである．

② B to C

企業と一般消費者の取引を B to C (Business to Consumer) とよぶ．この B to C は，企業と一般消費者の電子商取引であるが，インターネット上に商店を構えて Web サイトを介して消費者に商品を販売するネットショップのビジネスデルが最も普及している．ここでは，商品を陳列する Web ページを見て購入する商品を選択し，決済方法を指定して住所などの個人情報を送信，購入申し込みをする．

このようなネットショップを多数集めて一元的なサービスを提供する，ネットモールというビジネスモデルがある．ネットショップの中でも，実店舗を持っている店は「クリック&モルタル」とよばれる．他方でインターネット上の仮想店舗でのみ販売しているビジネスモデルは

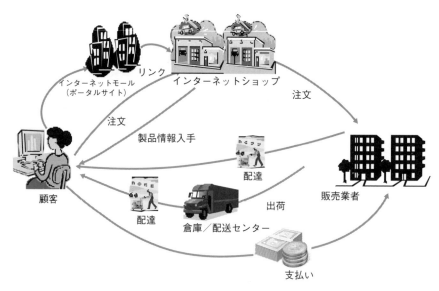

図 2.4 インターネットショップの流れ．

「クリック&クリック」とよぶ．商品のほかにも，ソフトウェアや音楽コンテンツ，映像コンテンツといった，デジタルコンテンツの販売や，オンラインゲームのサービス提供および個人向けネットコミュニティがある．その他，インターネット上で人材派遣や製品売買の仲介を行うサービスや金融商品など，インターネットを通じて売買するオンライントレードのようなサービスを提供する．代表的なネットショップサイトとして Amazon.com やポータルサイトの Yahoo! ショッピングなどがある．ネットモールは楽天が代表的なモールである．図 2.4 のように，顧客は，ネットモールからリンクされているネットショップを選び，そのショップに登録されている商品ジャンルから，購入商品の検索とショッピングカートへ商品を入れて購入手続きを進められる．購入手続きが完了すると，販売業者から商品が配達される仕組みである．

③ C to C

消費者同士の取引を C to C (Consumer to Consumer) とよぶ．主なモデルとして，インターネット上のオークション（ネットオークション）があり，運営者がオークションを行うためのシステムや「場」を提供し，出品者から手数料を得る．また，オークション成立後の個人間の売買に必要な決済，物流などの個人向けサービスを提供する．代表例として，Yahoo! オークションがある．C to C の取引を仲介するサービスが 1 つのビジネスモデルとして確立している．

④ B to B to C

プレイヤーとして，企業と企業で契約を結んだ先に一般消費者がいるモデルが B to B to C (Business to Business to Consumer) である．例えば，旅行エージェントのサイトでホテル，乗り物や旅行パッケージの予約代行などの例がある．

⑤ B to G

企業と政府や自治体がプレイヤーとなる取引が B to G (Business to Government) モデルである．政府や自治体などの公共部門でも業務の電子化が進んでおり，公共事業に電子入札が導入され，資材調達にも電子商取引が採用される事例がある．また，各種の電子申請などがある．

⑥ B to E

企業の福利厚生の一環として，イントラネットなどを利用して社員向けに物品やサービスを市場価格より割安で提供する社員販売制度が B to E (Business to Employee) である．扱う商品は自社製品やサービスの場合もあるが，外部の業者と一括契約して購入代金の支払い手続きを企業が行う形態もある．企業が窓口となることで，事務作業を一括して行い，管理コストを引き下げ，配送コストを削減できるため，割引価格で提供できる．

(4) サービス方式の分類

電子商取引のサービス方式で分類するとショッピングサイトでモール型，単独型，ドロップシッピング型に分類できる．また，付帯サービスとして決済，配送サービスがある．

① モール型

モール運営者が直接，インターネットショップを出店せず，出展者を募る．消費者が 1 ヵ所でショッピングモール，マーケットを利用できるので，多くの種類の商品が購入できる．

② 単独型

ネットショップ運営者が単独で出店し，消費者がネットショッピングするためのすべての機能と決済，配送サービスなどを自前で運用している．

③ ドロップシッピング型

アフィリエイト（(5) で説明）とネットショップの特徴を複合した仕組みである．ドロップシッピングのシステム提供者が，商品の仕入れや発送，代金の回収や決済システムの導入などの機能を提供し，ショップ運営者が Web サイトで集客する．ドロップシッピングはアフィリエイトとは異なり，自分で商品の値段をつけることができる．アフィリエイトは自分が推薦する商品を紹介し，自分のサイト経由で商品が売れた場合に売り上げの一部をもらえるというものである．一方，ドロップシッピングではサイト運営者が推奨する商品の価格を決めることができ，メーカからの卸価格との差額が利益となる．また，一般の小売店とは異なり在庫は持たなくてよいので，売れ残りによる損失リスクはない．

④ 付帯サービス

- 決済サービス
  代金回収方法としてクレジット決済，銀行口座振込，代金引換，コンビニ代金収納サービスなどがある．

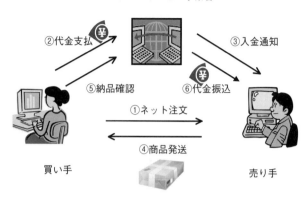

図 2.5 エスクローサービスの流れ．

- 配送サービス

  販売商品の配送や配送状況を Web 画面で照会，商品受取時間帯の指定などのサービスがある．

⑤ エスクローサービス

エスクローサービスはインターネット販売での代金支払いの安全性を保証する仲介サービスである．図 2.5 のように，事業者は売り手と買い手の間に入り．買い手から購入代金を預かり，売り手が買い手に商品の配達が完了したことを確認して購入代金を売り手に送金する．買い手は売り手から商品が届かなかった場合や，届いた商品が注文内容と異なる場合には，注文を破棄して事業者から返金を受けることができる．売り手は買い手が事業者に入金したことを確認後に配送するため，代金未回収となることはない．事業者は買い手から購入代金を預かると同時にサービス手数料を収入として得る．

(5) インターネット広告の課金モデル

インターネット広告の課金モデルにインプレッション保証型，掲載期間保証型，クリック保証型，アフィリエイト（成果報酬型）などがある．

① インプレッション保証型

広告の表示回数（インプレッション）を保障するモデルで，ウェブ上の同一の広告スペース内で複数の広告をローテーション表示する．

② 掲載期間保証型

掲載期間中に Web 上の特定スペースに広告を表示するモデルで，表示回数を保証しない．

③ クリック保証型

ユーザが広告をクリックする回数を保証するモデルで掲載期間にクリック数が少ない場合は掲載期間を延長することがある．

④ アフィリエイト (affiliate)

ユーザが広告をクリック時に広告主のサイトへリンクして商品を購入や会員登録した場合などに報酬を払う．Web サイトやメールマガジンなどで企業サイトへリンクし，閲覧者がそのリンク先の企業サイトでの会員登録や商品が購入された場合，リンク元のサイト運営者に報酬が支払われる．リンク先の企業にとっては，潜在的な商品嗜好ユーザの発掘に効果的な広告モデルである．

⑤ ペイパーポスト型

消費者生成メディア (CGM : Consumer Generated Media) を広告に利用するモデルである．

2.6 ビジネス方法の特許

代表的なビジネスモデルを分類したが，どのようにして事業を行い，どこで収益を得るかというインターネットビジネスの具体的な仕組み，インターネットや情報システムおよび，データベースなどを活用したビジネス手法を特許申請したものが，ビジネス方法の特許である．

また，ビジネス方法の特許を取得した企業がビジネスモデルの使用を独占できるようにした．IT の進歩により，ソフトウェアの応用の可能性が広がってきた結果，ビジネス上のアイデアをコンピュータや既存のネットワークを利用して実現する事例が多く見られるようになってきた．ソフトウェアの特許については，ビジネス方法の特許とよばれる以前より存在していたが，広告，流通，金融その他のサービス分野などの多くの業種においても，ビジネス方法の特許事例が広がった．インターネットビジネスにおいては，パソコンやネットワークなどの技術的な特徴をビジネス方法の特許にすることがむずかしいため，ビジネスでの利用方法や仕組みを工夫することによって，新しいビジネスモデルの方法のアイデアを創出しようとする．また，ビジネス方法の特許では，インターネットを利用した新たな事業方法や営業方法そのものが特許の対象となる．アマゾンのワンクリック特許は，ネットショップで顧客が商品を検索し選択した後，ワンクリックで簡単に購入手続が行えるビジネス方法の代表的な事例である．

演習問題

設問1 インターネットでのビジネスモデルの対象物などの大分類を挙げなさい．

設問2 プレイヤーによる分類を挙げなさい．

設問3 サービス方式のモデルの種類を挙げなさい．

設問4 ゼロマージンモデルについて概要を説明しなさい．

設問5 ビジネス方法の特許について目的を説明しなさい．

参考文献

[1] 総務省：電子商取実態調査 (2017).
http://www.soumu.go.jp/johotsusintokei/statistics/statistics05a.html

[2] 経済産業省：電子商取引に関する市場調査 (2010).
http://www.meti.go.jp/policy/it_policy/statistics/outlook/ie_outlook.htm

[3] インターネット協会監修，インプレス R&D インターネットメディア研究所：インターネット白書 2010，インプレスジャパン (2010).

[4] 岡本淳，斎藤和彦：インターネット＆Web の必須常識 100 0，ワークスコーポレーション (2009).

[5] アーサーアンダーセン：図解 e-ビジネス，東洋経済新報社 (2000).

[6] 服部隆幸，藤本直樹：製造業 CRM 革命 B&T ブックス，日刊工業新聞社 (2004).

[7] 二木紘三：e コマースの仕組み，日本文芸社 (2000).

[8] 丸山正博：電子商取引入門，八千代出版 (2004).

[9] 卜部正夫：ネットビジネスの本質，日科技連 (2004).

[10] 中村忠之：e ビジネス教室，中央経済社 (2008).

[11] 幡鎌博著：e ビジネスの教科書 第六版，創成社 (2016).

[12] 特許庁サイト：ビジネス関連発明の最近の動向について (2017).
https://www.jpo.go.jp/seido/bijinesu/biz_pat.htm

第3章

電子商取引

□ 学習のポイント

　電子商取引は，第2章で説明したようにインターネットなどのネットワークを利用して，契約や決済などを行う取引形態のことである．電子商取引は取引を行うプレイヤーにより分類することができる．本章では，この分類の中から，代表的なBtoB，BtoC，CtoCを取り上げ，具体的な手法や，その狙いを説明する．その上で，従来の取引との相違点や取引に与えるインパクトについて事例に基づき説明する．

- BtoBにはどのような取引形態があるか理解する．
- BtoCにおける販売形態として，インターネットのみを利用する形態と，従来からの実店舗や通信販売を併用した形態について理解する．
- CtoCの代表的な取引形態について理解する．
- 電子商取引は消費者や企業にどのような影響を与えているか理解する．

□ キーワード

　EDI，SCM，ネット販売，ネット調達，eマーケットプレイス，ネットショップ，ネットモール，クリック&モルタル，ネットオークション，ロングテール

3.1 B to B

　BtoBは企業と企業の間で行われる電子商取引である．ここでは，企業間の情報のやり取りと，BtoBの具体的な形態について説明する．

3.1.1 電子商取引の歴史

　企業間では様々な取引が行われており，同時にこれに伴う情報の交換が発生する．例えば，図3.1に示す製造業の事例では原料を他の企業から購入し，製品を販売業者に販売する．一方で，これに伴い原料や製品という「モノ」だけでなく，注文や見積り，納品といった「情報」のやり取りが必要になる．こうした情報をやり取りするため，EDI（Electronic Data Interchange；電子データ交換）がインターネットの普及以前から活用されていた．これは，企業間を情報ネットワークで接続し取引に関する情報を電子的に交換する仕組みである．しかし，従来は専用回

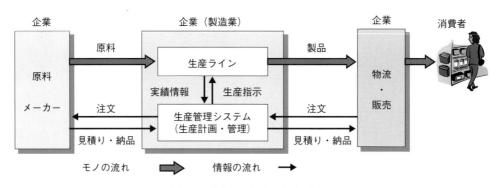

図 3.1　企業間における情報の流れ．

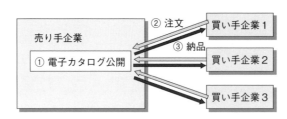

図 3.2　ネット販売の取引形態．

線や VAN（Value Added Network; 付加価値通信網）が用いられていたため通信コストが高いことや，企業ごとに個別のシステムを構築していたため，導入する企業は限定されていた．

現在ではインターネットを利用したインターネット EDI の普及により通信コストが削減され，システムの導入も容易になったため，様々な企業が EDI を活用して電子商取引に参加している．また，インターネット EDI を企業内の情報システムと接続することにより，卸売業者からの注文を生産計画に反映したり，それに基づいて原料メーカに注文したりして，企業全般の業務の効率化を図ることができるようになっている．さらに，インターネット EDI を活用した SCM（Supply Chain Management；サプライチェーン・マネジメント）が普及してきている．これは，上記の原料や製品の流れを原料メーカから消費者までの供給の連鎖と捉えて，戦略的に企業間で情報を共有，管理し全体的な最適化を図るものである．例えば，図 3.1 の例では販売企業の需要予測や物流企業の在庫情報に基づき，製造業の企業で生産計画の立案や原料メーカへ調達計画を通知することにより，不要な在庫や，製品，原料の不足を発生させることなく消費者に製品を供給することができる．

3.1.2　企業間の電子商取引の形態

インターネット以前は，電子商取引は特定の企業間で行われていた．現在では，特定企業間だけでなく，複数の企業との電子商取引が一般的になっている．代表的な形態には，ネット販売，ネット調達がある．

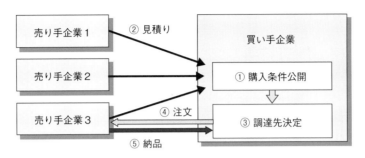

図 3.3　ネット調達の取引形態．

(1) ネット販売

売り手企業1社が複数の買い手企業と取引を行う形態であり，図3.2に示すように売り手企業はインターネット上に製品やサービスの情報を電子カタログなどで公開し，買い手側は自分の要求に合ったものがあれば購入する．買い手企業の参加は自由であるが，通常は他の売り手企業の情報も閲覧しているため，売り手企業側では同業他社との差別化が必要になる．この点で，企業と消費者の間の取引形態に近く，例えば，事務用品などのように市場で一般的に流通している製品を対象にする場合が多い．

この形態では，通常，システムの運営者は売り手企業となるため，独自のサービスや販売方法を採用することが可能になる．例えば，法人向けのオフィス用品を扱うアスクルでは，買い手企業の各部門が個別に購入した商品の一括請求や購買履歴を提供するなどの事務の効率化支援，あるいは税務や会計などの企業の事務管理に関するサービスを提供している[6]．

(2) ネット調達

生産用の原料などを大量に購入する場合には，複数の売り手企業から見積りや契約条件を入手し，より良い条件で調達を行うという方法が取られる．ネット調達では，図3.3に示すように，買い手企業が必要な商品やサービスの情報，あるいは購入条件をインターネット上に公開する．複数の売り手企業から見積りを入手し，最適なものを提供してくれる企業を選定することで効率的に調達できる．企業間だけでなく政府や地方自治体の電子入札でも，広く売り手企業を参加させるためにこの形態が採用されている．例えば，政府の電子入札に関する情報はe-Gov（イーガブ）で公開されており，多くの企業が効率的に情報を入手して入札に参加できるようになっている[7]．

システムの運営者は買い手企業となるため，最適な見積りを得るための仕組みが導入される．例えば，買い手企業が購入条件と見積り期限だけでなく，応札してきた売り手企業の見積り情報をリアルタイムで公開する仕組みがある．これにより，他の売り手企業の状況を見ながら価格競争を行わせた上で，最低価格を提示した売り手から購入することができる．ファミリーレストランのすかいらーくは2001年11月に食材調達コスト削減を目的にB2Skylarkシステムを立ち上げ，コストを約10%削減したといわれる[8]．

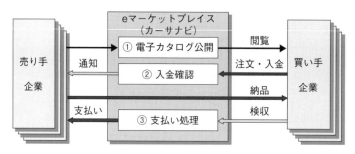

図 3.4 eマーケットプレイスの取引形態（カーサナビのホームページ [10] を参考に作成）．

3.1.3 eマーケットプレイス

eマーケットプレイス (e-marketplace) は，複数の売り手，買い手が参加するオープンな電子商取引のプラットフォームであり，インターネット上に設けられた仮想的な企業間取引所といえる．ネット販売やネット調達と異なる点は，eマーケットプレイスの運営が特定の企業ではなく，第三者の仲介業者，あるいは買い手や売り手の企業組合によって行われることである．この結果，売り手企業，買い手企業の双方が複数の企業からなるオープンな取引が行われ，新規取引先の拡大や，売り手と買い手が直接取引を行うことによる流通コストの削減を図ることができる．

図 3.4 に，建材のeマーケットプレイスであるカーサナビの例を示す．売り手が電子カタログを公開し，買い手がカーサナビに注文および入金する．この後，売り手企業から製品が納品され，検収されると売り手にカーサナビから支払いが行われる．こうして，カーサナビが介在することで新規の取引先とも安全な取引ができる．さらに，製品に伴う施工や大量購入など，個別の購入条件に応じた見積りを受けて注文先を決定することもできるようになっている．

また，食品のeマーケットプレイスを運営するインフォマート [11] では，見積りから支払いまでのインターネット EDI やデータ管理などのサービスを ASP（Application Service Provider；アプリケーションサービス提供事業者）として提供し，取引先の開拓や受発注管理を効率的に行う仕組みを提供している．ここで，ASP はユーザが必要とするシステム機能を，ネットワークを通じて提供するサービスと定義されている．このような ASP を利用することによって，企業は独自のシステムを構築することなく電子商取引や情報共有を行うことができる（第 9 章参照）．

3.2 B to C

B to C は企業と消費者の間で行われる電子商取引である．経済産業省の調査 [13] では 2009 年度にはインターネット利用者のうち 93.4%がネットショップを利用しており，流通のチャネルとして欠かせないものになってきている．上記の調査では，利用する理由として，価格が安い (63.1%)，店舗への移動時間や営業時間を気にしなくてよい (61.5%)，品揃えが豊富 (48.1%)，ポイントなどの特典 (46.5%) の割合が高く，価格の安さや幅広い製品を手軽に購入できること

図 3.5　ネットショップの事例（Amazon.co.jp のホームページ [14] より）[1].

が利用を牽引していると考えられる．一方で利用しない理由は，実物の商品を見たい (49.3%) が最も高くなっており，製品を確認したい場合には実店舗で購入する割合が高いと考えられる．以上のような消費者の傾向から，第 2 章に示すように B to C で購入する割合は製品ごとに異なっている．

B to C の市場には，ネットショップのみを出店する企業だけでなく，既存の店舗を持つ企業や通信販売会社も参入しており，扱う商品や企業の特性により様々な販売手法が採用されている．ここでは主な販売形態として，ネットショップ，ネットモール，クリック&モルタルを取り上げ，具体的な販売手法を説明する．

3.2.1　ネットショップ

ネットショップはインターネット上に出店された仮想店舗であり，電子商店ともよばれる．ネットショップの例として，図 3.5 にアマゾンのホームページを示す．アマゾンは 1995 年に米国において書籍のオンライン書店として創業し，現在では様々な商品を販売している．例えば，書籍であれば，図 3.5 に示すように「電子商取引」などのキーワードを入力して該当する書籍を検索したり，希望するカテゴリの書籍やランキングを参照したりして該当する書籍を探すことができる．

アマゾンがネットショップ出店の際に書籍を対象としたのは，販売されている書籍の種類が非常に多く，ネットショップの販売に適していると分析したためであった．すなわち，実店舗ではスペースに限りがあるため店頭における本の陳列には限界があり，通信販売でも膨大な本

---

[1] アマゾン，Amazon.co.jp，e 託販売サービスおよび Amazon マーケットプレイスは Amazon.com, Inc. またはその関連会社の商標です．

を紹介する紙のカタログは現実的ではなかった．一方で，ネットショップでは書籍の情報を掲載すること自体がカタログとなり，紙のカタログ配布に比較すると膨大な書籍を掲載できると共に，内容の追加，変更も容易であるという利点がある．また，ネットショップで注文を受けた後は倉庫から直接出荷するため，扱う書籍の量的な制限が大幅に緩和される．

さらに，アマゾンでは品揃えの充実のため「e 託販売サービス」が提供されている．このサービスに参加すると一定の年会費を払った上で書籍をアマゾンに送付することで，アマゾンの倉庫に委託在庫し販売してもらうことができる．アマゾンにとっては，お客様のニーズを満たすための品揃えを充実でき，参加者にとっても販売頻度の少ない書籍が常に「在庫あり」の状態になり迅速に納品されるため，販売拡大が見込めるという利点がある．

また，アマゾンは Amazon マーケットプレイスを開設して，第三者が書籍を出品できる仕組みを構築している．中古の書籍の場合には価格を出品者が設定できるため，消費者にとっては品揃えだけでなく価格面でも利便性が増すことになる．一方で，アマゾンにとっては倉庫のスペースを増やすことなく品揃えを豊富にできる．なお，アマゾンの商品とは競合するが，消費者の利便性の向上を重視している．

実物の商品を閲覧できないというネットショップの弱点に対しては，購入者に商品の評価やコメントの投稿を勧めている．さらに，書籍については一部を閲覧させることを著者や出版社に推奨している．消費者はこれらの情報を参考にして，商品の購入を検討することができる．

さらに，アマゾンでは独自の広告の仕組みや，商品を推薦する仕組みを構築しており，これらの手法は他の企業でも取り入れられている．これについては第6章を参照されたい．

3.2.2 ネットモール

ネットモールは，実際の商店街と同様にインターネット上に仮想商店街を構築し，そこからネットショップへリンクするものであり，電子商店街，ネット商店街，オンラインモールなど様々な呼び方がある．ネットモールでも，ネットショップと同様にカテゴリやキーワードによる商品の検索が可能であり，検索結果をクリックすると商品を販売しているネットショップに誘導される．したがって，消費者にとっては，1ヵ所で様々な商品を購入できるというメリットがある．さらに，ネットモールを運営する企業が決済を代行する仕組みを提供している場合には，初めて利用するネットショップでも安心して購入することができる．

また，新たに参入する企業にとっては，決済を含めたネットショップを独自に構築したり，店舗の存在を広く消費者に知らせたりすることは容易ではない．この点で，ネットモールでは決済機能や構築ツールの提供など出店者を支援する仕組みが整備されており，ネットモールとしての集客力を利用して自店舗に誘導できるため，単独でネットショップを出店するよりも B to C 市場への参入が容易であるという利点がある．例えば，楽天市場は 1997 年に開設されたネットモールであり，4万5千店が出店している（2018 年1月現在）．楽天では，決済の代行のほかに，商品未着時の補償など，消費者が安心して購入できる仕組みを整備している．また，ツールやコンサルティングの提供，あるいは試験的に出店できる料金プランなどにより，ネットショップの経験のない企業が容易に出店できるように支援しており，楽天大学を開催して講

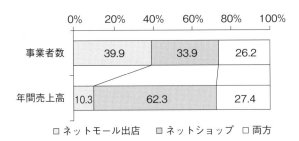

図 3.6 ネットモールへの出店割合（「平成 21 年消費者向け電子商取引実態調査」[17] による）.

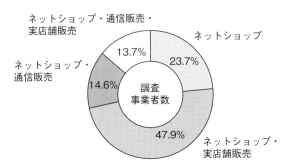

図 3.7 B to C における販売方法別事業者数の割合
（「平成 21 年消費者向け電子商取引実態調査」[17] に基づき作成）.

座や通信講座（e ラーニング）による運営ノウハウの教育や，店舗経営に関するデータの提供が行われている [16]．

図 3.6 に示すように，ネットモールのみに出店している企業の割合は 39.9％であるのに対し，それらの売上高の割合は 10.3％であり，独自にオンラインショップを出店している企業に比較すると 1 企業当りの売上高は少ない．すなわち，ネットモールでは，規模の小さい企業でも参入しやすい環境が提供されていると考えられる．

3.2.3 クリック&モルタル

クリック&モルタル (Click & Mortar) は，インターネットビジネス (Click) と実店舗によるビジネス (Mortar) を組み合わせた手法で，双方の相乗効果を狙う取引の形態である．様々な形態があるが，図 3.7 に示すようにネットショップのみで販売している企業は 23.7％であり，他の企業はネットショップと従来からの実店舗販売や通信販売を併用している．

(1) 店頭販売との組合せ

実店舗がインターネットを使用する例としては，実店舗の商品陳列スペースが限られているため，ネットショップを利用して品揃えを増やす手法がある．例えば，特定の地域でのみ販売している商品や需要の少ない商品をネットショップ販売するものがある．この場合には，店舗での受け取りは配送料を無料にすることで，消費者にとっては実店舗と同様に支払いや商品の受け取りができ，企業側にとっては集客の効果が期待できる．また，新たに企画された商品な

どで販売見通しの立たないものをネットショップで販売して反応を見ることもある．例えば，ユニクロではリビング用品市場の参入に際して，試験的にネットショップでタオルの販売を実施した．この結果が好評で1年で30万枚のタオルを販売したため，2006年3月から実店舗で本格的な販売を開始した [18]．

実店舗では，消費者が衣料品などの商品を試着したりして実際に商品を確認できる．一方でネットショップでは消費者が店舗に出向かずに手軽に購入したり，重い商品やかさばる商品を配送したりできるという利便性があり，企業側にとっても店員による対応が不要のため利益率が高いという効果がある．クリック＆モルタルでは，このような双方のメリットを生かした販売も可能になる．例えば，ファンケルでは，店舗に来店した顧客には美容部員が対応して顧客に合った商品を薦め，最終的な商品の注文や2回目以降のリピート購入では手軽なインターネットでの購入を薦めている [19]．同様に，ネットショップだけを展開していたメーカも，新製品を実際に確認して購入したいという消費者のニーズに応えるために実店舗を展開している．例えば，パソコンメーカのデル (Dell) はネットショップによる直販のみを行ってきたが，2000年7月に日本で実店舗としてデル・リアル・サイトを開設し，その後，国内の主要な都市や世界各国で展開している [20]．

(2) 通信販売との組合せ

消費者にカタログなどを配布し，注文を受けて商品を配送する通信販売は以前から行われている．この点で電子商取引はインターネットを利用した通信販売とも考えられ，カタログでの通信販売に対してインターネット通信販売とよばれることもある．図3.7に示すようにB to Cを行う企業のうち，通信販売 (14.6%) と実店舗と通信販売の併用 (13.7%) を合わせると約28%が通信販売を併用している．両者を比較した場合，通信販売はカタログに掲載できる商品が限られている上に印刷コストがかかり，また，消費者の手元に届くまで時間を要するため顧客のニーズや需要の動向に併せて価格の変更やキャンペーンを柔軟に行いにくい．さらに売上高の点でも，通信販売が減少傾向であるのに対してインターネットによる販売が好調であるため，徐々にインターネットを通じた販売の売上高構成比が伸びている．

このため，通信販売企業もWebサイトでの電子カタログ掲載や注文の受付を行っており，例えば，紙のカタログを見ながらインターネットで注文することが可能になっている．この結果，現在では，他の注文手段を併用する場合を含めると，通信販売利用者の98%が注文にインターネットを利用している．また，ニッセンや千趣会のベルメゾンでは，ネットショップを併設すると共に，ネットショップ限定の商品で品揃えを豊富にして売上の拡大を図っている．

一方で，通信販売では，カタログによって企業側が主導的に消費者へ商品情報を届けられる上に，紙で配布するため一覧性が良く多くの商品を閲覧してもらえることや，インターネットでの決済や個人情報提供に不安を覚える消費者でも使用できるなどの利点がある．今後も，このようなニーズに対応しながら，徐々にインターネットの活用が拡大すると想定される．

図 3.8　ネットオークションでの取引（楽天オークションのホームページ [23] に基づき作成）．

3.3　C to C

　C to C は消費者同士で直接行われる電子商取引であり，代表的な取引形態としては，ネットオークションがある．ネットオークションは，米国で eBay が仲介企業としてインターネット上にオークションの場を提供してから広まった．通常のオークションでは，その場で競り売りにより買い手を決定する．一方で，ネットオークションでは売り手が出品した商品の情報をオークションの Web サイトで公開して一定の期間，価格を競わせ，締切り時点の提示価格により買い手を決定する方式が一般的である．このため，買い手が Web サイトで出品中の商品を検索したり，一度価格を提示した後も他の買い手の提示価格により指定した範囲内で自動的に再度価格提示したりする機能が提供されている．

　一方で，インターネット上で見知らぬ消費者同士が取引を行うため，不正やトラブルを回避する仕組みが必要になる．図 3.8 に楽天オークションにおける，落札後の取引の手順を示す．買い手は仲介企業（楽天オークション）に代金を支払い①，仲介企業から売り手に配送依頼が行われて②，商品が配送される③，④．買い手からの商品の受取確認⑤の後に，仲介企業から売り手に代金が支払われる⑥．このように仲介企業が介在することで，商品が届いてから売り手に支払いが行われ，また買い手のクレジットカード情報などが売り手に渡らない仕組みになっている．さらに，仲介業者と配送業者が共同して，買い手や売り手の個人情報を公開せずに取引を行うサービスも提供されている．

　ネットオークションは消費者間の取引の場であり，売り手はネットショップを構えることなく商品を出品して販売することができる．一方で，ネットモールと同様に消費者の訪問が多く商品の検索機能があることから，B to C の販売チャネルとしても利用されており，企業もネットオークションに出品している．さらに，Yahoo! オークションでは官公庁オークションが開設されており，公有財産の売却や差押え物件の公売のために利用されている．

3.4　電子商取引のインパクト

　電子商取引の進展は企業の販売形態や事業形態全般に大きなインパクトを与えている．ここでは，まず消費者や企業から見てどのような影響があるかを説明し，次に電子商取引により変

貌した企業のビジネス形態の事例を示す．なお，これらは他のインターネットビジネスとも密接に関連しているが，それらについては該当する章との関連を示すので，各章を参照されたい．

3.4.1　電子商取引の影響

(1) 取引の地理的な拡大

　従来の実店舗における取引では，消費者は店舗を訪問する必要があるため，地理的な制約から対象となる店舗は限定されていた．ところが，B to Cでは消費者は自宅や外出先からインターネット経由で購入できるためこのような制約がなくなっただけでなく，インターネット上の検索機能や広告などを通じて，商品やそれを販売しているネットショップの情報を容易に入手できるようになっている（第6章参照）．この結果，消費者は実際の店舗を訪問するよりもはるかに多くの商品を比較，検討できる．さらに，3.4.2節に示すように，需要のごく小さな商品であっても消費者の購入機会が増加し，店舗にとって重要な収益源になるロングテール (Long Tail) 現象が起こっている．

(2) ノンストップ営業

　実店舗における取引では店舗に要員を配置しておく必要があり，時間的な制約があった．電子商取引ではインターネットを経由してネットショップで自動的に注文を受け付けられるため，特別なコストをかけずに24時間365日のノンストップ営業が可能になる．この結果，消費者や発注元の企業に対して，必要な時に，いつでも商品の情報を確認して注文できるという利便性を提供できるようになっている．特に，音楽や電子書籍などのデジタルコンテンツはインターネットを経由して商品を受領できるため，欲しい時に直ちに購入して楽しめるという利便性があり，電子商取引による販売が拡大している（第5章参照）．

(3) 参入機会の拡大

　実店舗に比較してオンライン店舗は容易に開設でき，(1)，(2) で示したように地理的，時間的な制約を受けずに取引を行うことができる．さらに，ネットオークションを利用すれば，ネットショップを開設することなく取引を行うこともできる．この結果，既存の企業が電子商取引を活用するだけでなく，新規の企業や，消費者自身が売り手として参入するようになっている．一方で，近年ではインターネット上でネットショップなどのWebサイトが急速に増大している．このような状況の中で，ネットショップに消費者を誘導し購買に結び付けるためには，インターネット独自のマーケティングが重要になってきている（第6章参照）．

(4) 流通経路への影響

　従来は，生産者から消費者に商品を届けるためには，図3.9の (a) に示すように，卸売業者，小売業者を通じて販売するという形態が多かった．電子商取引により，図の (b) のように流通経路短縮による効率化が行われるようになっている．例えば，大手スーパーや量販店などの小売業者による生産者からの直接購入や，コンビニのように多数の店舗を持つ小売業者が生産者から一括購入して店舗ごとに多頻度の小分け配送を行う方式が採用されている．また，図の (c)

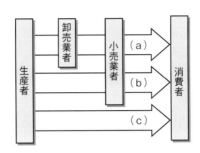

図 3.9 流通経路の短縮.

のようにネットショップにより生産者が消費者に直接販売することも容易になっている．さらに，3.4.3 節に示すように，SCM と併せて戦略的な流通の効率化が図られている．

3.4.2 ロングテール

電子商取引の結果，企業の収益となる品揃えについての変化が起きている．実店舗での販売ではパレートの法則が知られていた．これは，図 3.10 に示すように商品を売上高の高い順に並べていくと，売上の 80%は 20%の商品によってもたらされるというものである．ところが，実店舗はスペースが限られているため，上位の 20%の「売れ筋」の商品を見極めて仕入れ，売場を効率的に活用する必要があった．

一方で，電子商取引の世界ではロングテール現象が知られている．すなわち，ネットショップでは図 3.10 の下位の「死に筋」商品が恐竜の尻尾 (tail) のように延々と伸びており，このロングテールの部分が重要な収益源となることがある．例えば，アマゾンでは全体の売上の約 3 分の 1 が通常の書店では扱うことが困難な売上数の少ない本によって成り立っているといわれている [24]．このような需要の少ない書籍を扱うためには，効率的に膨大な種類の品揃えができることと，その中から消費者が必要な書籍を見つけやすくできることが必要になる．アマゾンでは電子商取引により地理的な制約がなくなったことを利用し，3.2.1 節に示したようにインターネットを利用した豊富な品揃えや，死に筋の商品を消費者に紹介する仕組みを構築していった．このように，電子商取引によって，これまで見過ごされてきた死に筋商品で利益を上げることが可能になってきている．

また，現在では音楽がデジタルコンテンツとしてネットショップのサーバに保存され，インターネットを通じて消費者に配信される．この結果，保管や発送のコストをほとんどかけずに膨大な品揃えが可能になり，同様のロングテール現象が見られている．書籍についても電子書籍ビジネスの拡大によりこの傾向は加速すると考えられる（第 5 章参照）．なお，3.2.3 節に示したように，通信販売でもネットショップの併用により品揃えを拡充している．

ただし，アマゾンの事例に見られるように，ロングテール現象を実現するには販売頻度の少ない商品についても利益を上げられる仕組みが必要であり，単に電子商取引であることがロングテール現象の原因ではないと考えられる．

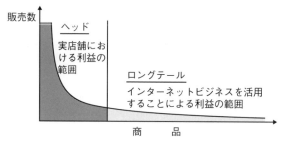

図 3.10 ロングテール現象.

3.4.3 デル・ダイレクト・モデル

デル・ダイレクト・モデル (Dell's direct model) はパソコンメーカのデルのビジネスモデルであり，ネットショップによる消費者への直接販売と，注文生産を特徴としている．直接販売の仕組みは，消費者がデルのネットショップで購入しデルが直送するものであり，小売業者などの中間の流通経路の費用をカットすることを狙っている．また，直接販売により顧客の動向を把握し，製品の企画や需要予測を行うことができるという利点がある．

注文生産により，消費者は標準の機器構成をベースにして，メモリ容量やディスプレイなどの個別の仕様を指定した上で見積りを確認することができ，費用対効果を考えながらカスタマイズしたパソコンを購入できる．一方で，デルは注文を受けてから生産を開始することにより在庫を圧縮することができる．パソコンは技術の進化が非常に速く頻繁にモデルチェンジされるため過剰在庫のリスクを伴うが，注文生産によって常に最新の技術を反映した製品を生産可能な状態にすることができるわけである．

一方で，注文生産であるため，いかに部品の在庫を持たずに短納期で製品を届けられるかが重要になる．このため，デルは部品メーカや，組立工場，物流を含めた SCM の仕組みを構築し，需要予測の情報を共有することで完成品の在庫を持たずに部品の在庫日数を圧縮している．また，消費者はホームページやメールで注文した製品の生産や配送の状況，納期を把握することができるようになっている．

3.4.4 電子商取引の動向

電子商取引の地理的な拡大に伴い，海外のネットショップから購入する越境取引が行われるようになっており，ネットショップ利用者のうちの 8 割は越境取引の経験があるといわれる．また，図 3.11 に示すように海外のネットショップにおいても日本語が使用できる Web サイトがあり，越境取引と意識せずに利用するようになってきている．逆に楽天市場などの国内のネットショップも海外への配送を行っている．

一方で，越境取引ではトラブルの際の解決が国内以上に困難になる．これに対して，国民生活センターが，消費者相談窓口として「越境消費者センター」のホームページを開設し，トラブルの解決を支援している．今後も，電子商取引の拡大に伴い越境取引が拡大していくと考え

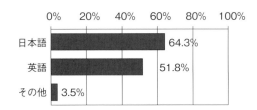

図 3.11 越境取引のネットショップにおける使用言語（「越境取引に関する調査の概要について」[27] より）．

られる．

演習問題

設問 1　B to B によって企業が得られると想定されるメリットを 3 つ挙げ，概要を述べよ．

設問 2　身近な B to C の事例を挙げ，実際の店舗による販売と比較した場合の長所と短所を述べよ．また，短所を改善するために採用されている，もしくは有効であると考えられる手法について述べよ．

設問 3　身近なクリック&モルタルによる取引の事例を挙げ，電子商取引だけ，および実店舗だけで行う取引よりも優れている点を述べよ．

設問 4　ネットオークションはどのような利点があるかを，売り手，買い手，電子商取引の場を提供する企業の各々の点から述べよ．

設問 5　B to C あるいは C to C を活用するにあたって，注意すべきと考えられる事項を 3 つ挙げ，概要を述べよ．

参考文献

[1] 幡鎌博：e ビジネスの教科書，創成社 (2010)．

[2] 中村忠之：e ビジネス教室，中央経済社 (2008)．

[3] 島田達巳，高原康彦：経営情報システム，日科技連 (2007)．

[4] 経済産業省，平成 16 年度 電子商取引に関する実態・市場規模調査 (2005)．
　http://www.meti.go.jp/policy/it_policy/statistics/051003ecom.pdf

[5] 石井淳蔵，他：ゼミナール　マーケティング入門，日本経済新聞出版社 (2004)．

[6] アスクル：askul. http://www.askul.co.jp/

[7] 総務省：電子政府の総合窓口 e-Gov[イーガブ]．http://www.e-gov.go.jp/

[8] 宮本智之，リバース・オークションによるインターネット調達システムの構築事例，Unisys

技報，Vol.21, No.4, pp. 551-562 (2002).

[9] ECOM, e-マーケットプレイス委員会報告書 ──わが国の e-マーケットプレイスの動向と展望─(2002).
https://www.jipdec.or.jp/archives/publications/J0004132.pdf

[10] カーサナビ：カーサナビって何の会社？. http://www.casanavi.co.jp/b/home/first.php

[11] インフォマート：Info Mart Corporation ホームページ. http://www.infomart.co.jp/

[12] ASPIC：ASP/SaaS の基本. http://www.aspicjapan.org/cloud/index.html

[13] 経済産業省，平成 21 年度 年度我が国情報経済社会における基盤整備（電子商取引に関する市場調査）報告書 (2010).
http://www.meti.go.jp/policy/it_policy/statistics/outlook/h21houkoku.pdf

[14] Amazon.com：Amazon.co.jp ホームページ. http://www.amazon.co.jp/

[15] 篠森ゆりこ（訳），C. Anderson（著）：ロングテール ──「売れない商品」を宝の山に変える新戦略，早川書房 (2006).

[16] 楽天：Rakuten ホームページ. http://www.rakuten.co.jp/

[17] 経済産業省：平成 21 年消費者向け電子商取引実態調査 (2010).
http://www.meti.go.jp/statistics/tyo/denshi/pdf/21gaikyo.pdf

[18] 今井丈彦，リビング用品市場に本格参入するユニクロ第 1 弾はタオル，日経デザイン，2006年 4 月号，pp. 31.

[19] 川俣英紀，ファンケル ネット通販比率を大幅拡大，日経情報ストラテジー，2006 年 8 月号，pp. 161.

[20] デル：Dell Mail News 2002 年 12 月 20 日発行 (2002).
http://www.dell.com/html/jp/press/publicity/news_021220.htm

[21] 日本経済新聞社：通信販売 09 年度売上高，ネット通販 2 ケタ増維持，日本経済新聞 Web刊（2010 年 10 月 20 日付）(2010).

[22] マイボイスコム：通信販売に関するアンケート調査，MyVoice Enquete Library (2010).
https://myel.myvoice.jp/products/detail.php?product_id=14816

[23] 楽天：楽天ペイとは.
https://pay.rakuten.co.jp/index_pc.html

[24] 総務省：情報通信白書 平成 18 年版 (2006).
http://www.soumu.go.jp/johotsusintokei/whitepaper/h18.html

[25] 二見總子（訳），S. Holzner（著）：DELL 世界最速経営の秘密，インデックス・コミュニケーションズ (2008).

[26] DELL：デルについて. http://www.dell.com/learn/jp/ja/jpcorp1/about-dell?~ck=mn

[27] 国民生活センター：越境消費者センター.
http://www.kokusen.go.jp/ccj/index.html

第4章

電子決済

□ 学習のポイント

　第1章で定義したように，電子商取引は「ネットワーク化された技術を利用することにより，モノ，サービス，情報および知識の契約や決済を効率的に行うこと」であり，電子決済は，これの「決済」を効率的に行うものであり，インターネットビジネスの一環である．インターネットビジネスの大きな要素の1つが電子商取引であるが，その決済に利用される仕組みは必ずしも電子決済だけではない．銀行振り込みや代引きなども存在する．また，電子決済では，インターネットバンキングやクレジットカードでの決済も利用されるが，この章では，電子マネーによる決済について取り上げる．特に電子マネーを取り上げる理由は，ITの進展により，様々なビジネスモデルが出現し，今後大きく成長が期待される分野であるからである．

- 電子決済と電子マネーの関係について理解する．
- 電子マネーのチャージの仕組み，支払いの仕組みについて理解する．
- 電子マネーの利便性を店舗の立場，利用者の立場双方について理解する．
- ICカードや携帯電話の非接触方式の原理について理解する．
- 支払いの中で，電子マネーが占めるおよその割合を理解する．

□ キーワード

　電子商取引，電子マネー，プリペイ方式，ポストペイ方式，ICカード，FeliCa，オートチャージ，非接触方式

4.1 電子決済とは

　決済とは，モノ，サービス，情報および知識の対価を支払い，取引を完了させることである．電子決済とは，対価として通貨ではなく，電子データの交換により取引を完了させることである．例えば商品を購入した場合，購入代金を購入先の商店の口座にインターネットバンキングで，代金を振り込むのも電子決済である．また，購入した代金を通貨ではなくクレジットカードやデビットカード[1)] で支払うのも電子決済といえる．いずれも，通貨は動かず，電子データ

[1)] デビットカードは，支払いの際に銀行のキャッシュカードを利用し，端末への暗証番号入力などにより金融機関の口座から代金が即時に引き落とされる方式のもの．

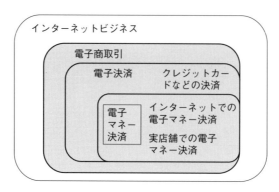

図 4.1 電子決済とは．

の交換により代金が自分の口座から相手の口座に移動しているからである．また，代表的な電子マネーである楽天 Edy や Suica で買物をした場合も，電子データ交換により決済が行われる．

インターネットビジネスの中に電子商取引が含まれ，その中に電子決済があり，さらにその中に，電子マネーによる決済が存在する．この関係を図 4.1 に示す．

4.2 電子マネーとは

電子マネーは，その仕組みから分類すると，IC カード型電子マネーと，ネットワーク型電子マネーに分類することができる．さらに，IC カード型電子マネーは，プリペイ方式とポストペイ方式に分類することができる．

プリペイ方式 IC カードでは，IC チップが搭載されたカードを利用し IC チップに金額を記録させるものである．IC チップのメリットを生かし，偽造や不正使用に強いものにすることができる．このカードの読み取り装置をネットワークに接続することにより，電子決済をシステムとして行うことが可能となる．

ポストペイ方式 IC カードでは，決済された金額は，連携しているクレジットカードから引き落とされる．IC カードの中にクレジットカードに対応する情報が搭載されている．クレジットカードを利用したのと同等の処理が行われ，後日に銀行から金額が引き落とされる．クレジットカードと異なるのは，端末の読み取り速度が速いこと，金額が小さい場合は，暗証番号の入力が不要などである．

これらの IC カード型のものは，携帯電話に IC チップを搭載することにより，IC カードと同等の処理がされるモバイル方式のものがサービスされており，おサイフケイタイとして若者を中心に利用が広がっている．モバイル方式のものは IC チップ上にチャージされている金額を携帯電話で確認することが可能などの利便性がある．

一方，ネットワーク型電子マネーは，ネットワーク上のサーバにお金をチャージしておくプリペイ方式であり，通常の買物で利用できるほか，ネットショッピングでの決済に利用することができる．決済方法は，電子マネーの ID を入力し決済する方式である．

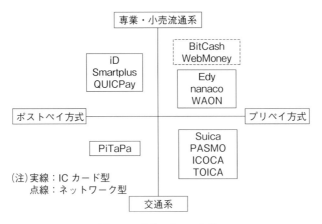

図 4.2 電子マネーの分類.

電子マネーをその発祥から分類すると，専業・小売流通系電子マネー，交通系電子マネーに分類することができる．支払い方式とカード会社の発祥をマトリックスにして図示したものが，図 4.2 である．図では 4 つの領域に分割している．

IC カード型について見てみるとプリペイ方式で専業および小売流通系のものには次のものがある．Edy（ビットワレット），nanaco（セブン＆アイ・ホールディングス），WAON（イオングループ）などである．また，交通系では，Suica（JR 東日本），PASMO（パスモ），ICOCA（JR 西日本），TOICA（JR 東海），SUGOKA（JR 九州），Kitaka（JR 北海道）などが存在する．

ポストペイ方式で専業および小売流通系では，iD（NTT ドコモ），Smartplus（三菱 UFJ ニコス），QUICPay（JCB）が存在する．また，交通系では PiTaPa（スルッと KANSAI 協議会）がただ 1 つ存在する．

一方，ネットワーク型では，BitCash（ビットキャッシュ），ウェブマネー（株式会社ウェブマネー）などが存在するが，先に述べた通りプリペイ方式のみである．

次にこれらの電子マネーでの決済方式の概念を説明する．

図 4.3 では，プリペイ方式の IC カード型電子マネーの説明をしている．① まず利用者はチャージ用の端末から金額をチャージする．入金された金額はサービス会社（Edy の場合はビットワレット）にプールされる．② この金額は端末から直接 IC チップに記載されるわけででではなく，その電子マネーを運営しているサービス会社のコンピュータシステム経由で IC チップに記載される．③ 利用者が商店などで電子マネーを利用すると商店の端末は，使用記録として利用した金額をサービス会社に送付すると共に IC チップ上の利用可能な金額を減らす．④ 使用記録を受け取ったサービス会社は，プールされている金額より，商店に売買金額を支払う決済処理を行う．

次に図 4.4 では，ポストペイ方式の IC カード型電子マネーの説明をしている．① サービス会社（QUICPay の場合は JCB）は ID を発行する．② 利用者が商店などで電子マネーを利用

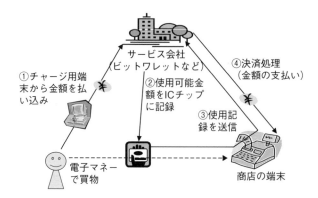

図 4.3 電子マネーでの決済の概念図その 1.
（ID カード　プリペイ方式）

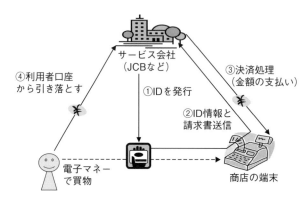

図 4.4 電子マネーでの決済の概念図その 2.
（ID カード　ポストペイ方式）

すると，ID 情報と請求書の情報がサービス会社に送信される．③ サービス会社から売買金額が商店に支払われ，決済処理がされる．④ サービス会社は，売買の金額を利用者クレジットカードの口座から引き落とす．このようにポストペイ方式では，クレジットカードの口座を持っていることが前提となるため利用者の信用調査が事前に発生する．

図 4.5 はネットワーク型電子マネーの説明をしている．ネットワーク型はプリペイ方式であるが，チャージされた金額が記録されている場所がカードではなく，サービス業者のコンピュータ上になる．IC カードはないので代わりにひらがな 16 文字などの ID が利用される（BitCash の場合）．① 利用者はコンビニエンスストアの端末や郵便局の ATM 端末から電子マネーを購入する．購入した電子マネーはサービス業者のコンピュータ上に保管される　② 電子商店などで決済する場合はこの ID を入力して決済を行う．電子商店は，この ID と使用記録をサービス会社に送信する．③ サービス会社は，売上金額を商店に支払うことにより決済処理を行う．なお，利用対象はインターネットでの決済であり，実店舗での決済は想定していない．

プリペイ方式のものは事前のチャージが必要であるが，最近はオートチャージも可能となってきている．支払い時点であらかじめの設定金額以下となると，提携している会社のクレジッ

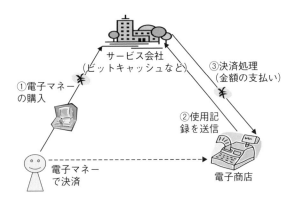

図 4.5 電子マネーでの決済の概念図その 3．
（ネットワーク型）

トカードから一定金額がチャージされる．

4.3 各種電子マネーの概要

代表的な電子マネーの一覧を表 4.1 に示す．

4.3.1 IC カード型プリペイ方式電子マネー

(1) 専用業者および小売流通系電子マネー

電子マネーを専門に扱っている業者（専用業者）および小売流通業関係が発行している代表的な電子マネーについて説明する．これらは，Edy, nanaco, WAON などがある．

① 楽天 Edy

ビットワレット株式会社により運営されており，2001 年 11 月に本格サービスを開始している．ビットワレット株式会社は，家電，通信，金融などの幅広い業界の 11 社の出資により電子マネーサービス専門の会社として，設立されたものである．Edy は Euro（ユーロ），Dollar（ドル），Yen（エン）の頭文字を取って作られた造語であり，その名前に示すように，第 4 の通貨を目指すという壮大な計画のもとで開始された．専業および小売流通系では草分け的存在であり，現在コンビニエンスストアを始めとして，スーパー，ドラッグストア，ファーストフード，自動販売機，百貨店，アミューズメント，レストラン業界など幅広い業界の店舗で，北海道から沖縄まで日本全国で利用できるのが特徴である．

Edy のもう 1 つの特徴は，店頭での支払いのほか，パソコンサイトでの支払いや携帯サイトでの支払いが可能であり，インターネット通販での支払いに対応していることである．この場合は，パソコンに IC カードを読ませるために，FeliCa ポート/パソリを接続する必要がある．

② nanaco

株式会社セブン&アイ・ホールディングスが運営している電子マネーであり，2007 年 4 月から運営開始している．加盟店はセブン&アイ・ホールディングスの配下のセブンイレブン，

表 4.1　代表的電子マネーの一覧.

区分	サービス名 (呼び名)	事業者名	サービス開始	カード発行枚数
プリペイ方式	楽天 Edy (エディ)	ビットワレット	2001 年 11 月	9,710 万枚*
	nanaco (ナナコ)	セブン＆アイ・ホールディングス	2007 年 4 月	4,912 万枚*
	waon (ワオン)	イオン	2007 年 4 月	5,950 万枚*
	Suica (スイカ)	JR 東日本	2004 年 3 月	5,859 万枚*
	PASMO (パスモ)	パスモ	2007 年 3 月	3,128 万枚*
	ICOCA (イコカ)	JR 西日本	2005 年 10 月	1,316 万枚*
	TOICA (トイカ)	JR 東海	2010 年 3 月	214 万枚*
ポストペイ方式	PiTaPa (ピタパ)	スルッと KAN-SAI 協議会	2004 年 10 月	296 万枚*
	iD (アイディ)	NTT ドコモ	2005 年 12 月	2,259 万枚*
	Smartplus (スマートプラス)	三菱 UFJ ニコス	2004 年 12 月	会員数 110 万人**
	QUICPay (クイックペイ)	JCB	2005 年 4 月	467 万枚*
ネットワーク型	BitCash (ビットキャッシュ)	ビットキャッシュ	1997 年 6 月	360 億円/年***
	WebMoney (ウェブマネー)	株式会社 ウェブマネー	1999 年 4 月	不明

*主要電子マネー 16 種類の発行枚数ランキング（2016 年版）
http://news.cardmics.com/entry/emoney-hakko-ranking2016/
**2010 年 3 月末現在　日本経済新聞 2010 年 6 月 5 日記事より
***2010 年 3 月期 リテールテック JAPAN 2010 年 04 月 08 日記事より
（注）SUICA, ICOCA, TOICA, PASMO, PiTaPa は相互利用可能である.

Denny's，イトーヨーカドーやそごう，西武などで使用可能である.

③　WAON

　流通グループ第 1 位のイオングループが発行する電子マネーである．運営開始は nanaco と同じく 2007 年 4 月からである．イオングループは配下の加盟店で使用が可能である．また，ミニストップやファミリーマート，マクドナルド，吉野家などでも利用可能である．特徴の 1 つは早い時期からオートチャージを可能としていたことである．また，クレジットカード一体型のものを発行しているのも特徴である.

　nanaco と WAON は同じ小売流通系統ということもあり，互いにそのカード発行枚数，利用可能店舗数を競い合っている.

(2) 交通系電子マネー

ここでは，交通業者が扱っている電子マネーに付いて述べる．代表的なものは，Suica，PASMO，ICOCA，TOICA である．

① Suica

JR 東日本が 2001 年に 11 月に IC 定期券，乗車券としてサービス開始したものであり，磁気カード定期券に代わるものとして当初より電子マネーの利用を念頭に置いて開発されたものであった．2004 年 3 月より電子マネーとしてショッピングに利用可能となり，交通系電子マネーとしては最初のものである．首都圏，仙台，新潟エリアの駅ナカのキオスクやコンビニエンスストアでも利用可能となっている．さらに，駅ナカの利用から街ナカへの利用に拡大されており，コンビニエンスストア（ファミリーマート，ローソン，スリーエフなど），スーパー（ジャスコ，サティなど）に広がっている．

2009 年 7 月から Edy に続いて，パソコンサイトでの支払いや携帯サイトでの支払いが可能となった．

② PASMO

2007 年 3 月首都圏の私鉄，地下鉄，バスなどで利用できる電子マネー付き乗車券の IC カードとしてサービスを開始した．交通機関での利用と共に当初より，駅構内の売店，自動販売機などでの決済を目的としてサービスを開始した．PASMO は沿線に商業施設を持つ強みを生かし，関連事業者と提携し消費者の囲い込みを狙っている．

オートチャージに一番早く対応したのが 1 つの特徴でもあった．オートチャージの対象となるクレジットカードは首都圏の交通事業社系のカードに限られている．また，クレジットカードとオートチャージサービス機能付 PASMO が一体となったものも発行されている．なお PASMO はサービス開始時点から電子マネーとして，Suica と相互利用が可能となっていた．

③ ICOCA

JR 西日本が 2005 年 10 月からサービスを開始したものである．Suica の関西版ともいえる．近畿圏，岡山，広島エリアの駅のキヨスク，コンビニエンスストアや飲食店，街ナカ，飲料自販機，コインロッカーなどで利用可能である．また，サークル K，デイリーヤマザキ，ローソンなど多数のコンビニエンスストアで利用可能である．Suica と相互利用が可能である．

④ TOICA

JR 東海が 2010 年 3 月からサービスを開始したものである．東海道新幹線のぞみ停車駅の店舗，自動販売機からのサービス開始であった．その後，ローソンやミニストップなどのコンビニエンスストアに拡大されている．Suica，ICOCA と相互利用が可能である．

4.3.2 ポストペイ方式電子マネー

(1) 専用業者が扱っているものには iD，Smartplus，QUICPay などがある．

① iD

NTT ドコモが 2005 年 12 月から運用しているポストペイ方式の電子マネーである．iD 用のアプリを NTT ドコモの携帯電話に導入し，利用 ID を設定すると利用可能となる携帯電話に

特化したサービスである．利用された金額はクレジットカードから引き落とされるため，あらかじめチャージしておく必要はない．当初は，三井住友カードのみが対象であったが，その後NTTドコモのDCMXカードが追加され現在は多数のカード会社のものが対象となっている．コンビニエンスストアやファーストフード，ショッピングセンターなど多数の店舗で利用可能である．また，ネットショッピングにも対応している．

② Smartplus

三菱UFJニコスが2004年12月から運用しているポストペイ方式の電子マネーである．MUFG，UFJ，NICOSのクレジットカードに対応したサービスといえる．携帯電話で利用した場合は，おサイフケイタイがクレジットカードになるサービスと考えることができる．したがってキャッシングも可能である．利用限度額は他の電子マネーと異なり大きいが，利用時にパスワードを使用し，安全性を高めている．加盟店は，コンビニエンスストア，スーパーマーケットのほか，東日本高速道路，中日本高速道路，西日本高速道路があるのが特徴である．

③ QUICPay

JCBが2005年4月から運用しているポストペイ方式の電子マネーである．JCBグループのみならず多数のクレジット会社のカードに対応しているのが特徴である．加盟店は，コンビニエンスストア，スーパーマーケット，書店，家電，レストランと幅広い．利用限度額は2万円でそれ以上の場合はクレジットカードとしての利用となりサインが必要となる．

(2) 交通業者系電子マネー

交通業者系でポストペイ方式のただ1つのものとしてPiTaPaが存在する．2004年から「スルッとKANSAI協議会」が運営しているものであり，近畿圏，広島，岡山エリアの私鉄，地下鉄，バスの交通機関と共にこれらのエリアのショッピングとして利用されている．支払った金額は，クレジットカードで引き落としがされるが，対象となるカードは，近畿エリアの私鉄のクレジットカードである．JR西日本のICOCAとの相互運用は，SuicaとPASMOの相互利用よりも早い時期の2006年1月に開始されている．

4.3.3 ネットワーク型電子マネー

ネットワーク型電子マネーには，BitCash，ウェブマネーなどがあるが，これらはいずれもプリペイ方式である．

① BitCash

BitCashは，1997年6月にビットキャッシュ社により運用が開始されている．インターネットでの利用を目的として始まった電子マネーである．運営者のサーバ上に購入した金額が保存されている．コンビニエンスストアやクレジットカード，郵便局ATM，ネット銀行で購入可能である．オンラインゲーム，ネットショップ，デジタルコンテンツなど約10,000サイト以上のコンテンツの支払いに利用できる．BitCash決済を導入している加盟店サイトでBitCashひらがなIDを入力する方式で決済を行う．ひらがな16文字の組合せのIDのため，優れた利便性と機密性を持っている．ネットショップやデジタルコンテンツサイトでの決済手段として利用されており実店舗での決済は想定していない．

② WebMoney

1999 年 4 月から，株式会社ウェブマネーがサービスを開始した．2007 年 8 月 会員サービス
「WebMoney PREMIUM」としてリニューアルしている．

利用方式は 2 種類あり，1 つはコンビニエンスストアで購入した WebMoney の用紙に記入
されているプリペイ番号を支払い時に入力する方式である．もう 1 つは，運営者のサーバ上の
電子通貨「ウォレット」にクレジットカードやインターネットバンキングを利用してチャージ
する方式である．利用時は，ウォレットの ID とパスワードを入力して支払いを行う．

4.4 電子マネーの利便性

(1) 電子マネー利用の利用者にとっての利便性は次のものである．

- 買物をした時，速やかな決済が可能である．
- 小銭のやり取りがなくなる．
- 利用状況に応じてポイントが貯まるなどのメリットがある．

(2) ポストペイ方式の場合クレジットカードとの違いは次のものである．

電子マネーの場合はあくまでも少額の決済であり，サインなどは必要としない．クレジット
の場合はかなりの金額までの決済が可能である．例えば，PiTaPa の場合には，2 万円までは，
電子マネーとしての利用でサインが不要であるが，2 万円を超えるとクレジットカードの利用
となりサインが必要となる．

(3) チャージ方式

プリペイ方式の場合のチャージについては，通貨，クレジットカード，インターネットバン
キングが可能である．

チャージの方法としては，コンビニエンスストアの端末，銀行の ATM，チャージ専用端末
と様々な方式があるが，オートチャージのサポートも増加している．これは，電子マネーを使
用した時，指定の限度の金額以下となると一定の金額がクレジットカードから自動的にチャー
ジされる仕組みであり，残高不足が発生しない利点がある．

これ以外に家庭のパソコンに FeliCa ポート/パソリを接続しこれに IC カードを読ませるこ
とにより行うことができる．

また，モバイル機能がサポートされているものは，Web サイトからチャージを行うことが可
能である．これらのチャージの方式の一覧を表 4.2 に示す．

(4) インターネットショップでの支払い

IC カード方式の電子マネーは，もともと実店舗での支払いのために運用が開始されたもので
あるが，一部の電子マネーはネットショップでの支払いに利用が可能となっている．一方，ネッ
トワーク型の電子マネーは当初よりインターネットでの支払いを前提に考えられたものである．
これらの支払い方式の一覧を合わせて表 4.2 に示す．

表 4.2　電子マネーのチャージ/支払い方式一覧.

サービス名　方式 （呼び名）	オート チャージ	ネットでの チャージ	ネットでの 支払	モバイル 機能
楽天 Edy　FeliCa （エディ）	可	可	可	可
nanaco　FeliCa （ナナコ）	可	可	不可*	可
waon　FeliCa （ワオン）	可	可	可	可
SUICA　FeliCa （スイカ）	可	可	可	可
PASMO　FeliCa （パスモ）	可	不可	不可	不可
ICOCA　FeliCa （イコカ）	不可	不可	不可	不可
PiTaPa　FeliCa （ピタカ）	**	**	不可	不可
iD/NFC （アイディ）	**	**	不可	モバイルのみ
Smartplus （スマートプラス）	**	**	可	不可
BitCash （ビットキャッシュ）	不可	可	可***	可
WebMoney （ウエブマネー）	不可	可***	可	可

*nanaco ギフトを利用しての支払は可能
**ホストペイ方式のためチャージの概念は無い
***実店舗の利用は想定していない
****種類により異なる

(5)　店舗側にとっての利便性
　電子マネーを店舗で利用する場合の利便性は下記のものである．

- 通貨を扱う手間の削減
- 顧客に対する対応時間の削減
- ポイント制度による顧客の囲い込み
- 購買情報の収集によるマーケッテング戦略への活用

4.5　電子マネー運営業者の戦略

　電子マネー運営業者は，ポイント制度を導入するなどして顧客の囲い込みを行っている．また，電子マネーの利用店舗の拡大を図っており，特にコンビニエンスストアに対しては多くの業者が利用可能としている．例えば，セブンイレブン，ファミリーマート，ローソン，サンクス，デイリーヤマザキでは多くの電子マネーの利用が可能である．
　また，NTTドコモによる iD の参入は，電子マネーを利用して，少額決済市場への参入を目

論んだものである．もともと電話会社は，少額の金額を効率よく扱うのが得意な企業であり，クレジットカード会社が不得意な領域をカバーし，その先では，高額のクレジットカード市場にも乗り出すことを意図している．

また，携帯電話での電子マネーの利用は，単なる電子マネーの利用に限らず，新しいインフラを創生することを意味する．すなわちこのインフラのもとで様々な取引が新たに発生することとなる．例えば，電子マネーを利用した送金サービスなどである．

4.6 電子マネーの技術

(1) 非接触型ICカード技術

電子マネーには，非接触型のICカードが利用される．カードは，読み取り機に接触させず，2, 3センチメートルの距離にかざすのみで，電子マネー情報の読み取りや利用状況の書き込みがされる．これは，非接触型のICチップを内蔵することで行われている．図4.6に非接触型のICチップの仕組みを示す．1〜2mmのごく小さなICチップとコイル状のアンテナを組み合わせたものである．カードのリーダ/ライタとは電波や電磁波でやり取りがなされ，ICチップの情報の読み出しや書き込みが行われる．

非接触型のICチップには，通信距離により，遠距離型（通信距離1mから数mでマイクロ波を利用），近傍型（通信距離70cmまで電磁誘導方式を利用），近接型（通信距離10cmまで電磁誘導方式を利用），密接型（2mmまで電磁誘導方式を利用）がある．

近接型の非接触ICチップの方式にはISO（国際標準規格）で規定されている，タイプA，タイプBがありヨーロッパ各国で広く利用されている．日本で広く電子マネーに利用されている非接触ICチップは近接型のFeliCaであり，ソニーが独自に開発したもので，これは，タイプA，Bとは別の仕様である．英語で「至福」を意味するFelicityとCardを組み合わせて作られた名称で，ソニーの登録商標である．Suica, PASMO, ICOCA, PiTaPa, Edy, nanaco, WAONなどで使用されている．

FeliCaは，リーダ/ライタから発信される13.56MHzの周波数帯電磁波により，通信がされる．電磁誘導方式によりカードが移動することで，カード内に電流が発生する．この電流によ

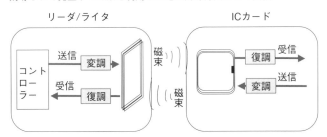

図4.6 非接触型ICカード．

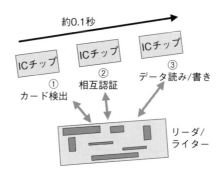

図 4.7 FeliCa の仕組み（FeliCa ホームページより作成）．

り処理がなされる．したがってカード内に，電源は不要である．

通信速度は 212 kbps であり，リーダ/ライタとカードの間の処理は，FeliCa 独自の相互認証方式と，非接触の利用形態に適した通信方式によって暗号処理を含めて約 0.1 秒以内で終了する．

図 4.7 に FeliCa の仕組みを示す．カードとリーダ/ライタとのやり取りは，カードの認識，相互認証，データの読み/書きの順番に行われる．

リーダ/ライタと運営会社のサーバ間の情報伝達は，暗号化されて行われるため，セキュリティに配慮したシステムが構築されている．

(2) モバイル FeliCa の技術

モバイル FeliCa とは，携帯電話に FeliCa の非接触 IC チップを搭載したものである．ⅰアプリ（NTT ドコモ）や EZ アプリ (au)，S!アプリ（ソフトバンクモバイル）をダウンロードすることにより交通乗車券，電子マネー，クレジットカードやキャッシュカード，ポイントカードのほか，映画のチケット，住宅の鍵などとして利用することが可能となる．また，ネットワーク経由でのチャージが可能となる．

4.7 電子マネーを支えるインフラ

電子マネーの普及には，様々なインフラの整備が必要であるがこれについて述べる．

(1) 社会的インフラ

電子マネーが社会的に認知されており，店舗，交通機関，公共機関など多数の場所で利用が可能であることが必要である．特に公共機関での利用促進が重要である．多数種類の電子マネーが存在していることを考えると，これらが相互に利用できる共通のプラットフォームを構築していくことが，普及に向けて重要な要素となる．また，電子マネー運用会社が破綻した場合の利用者や，その代金を受け取るはずであった店舗の保護法整備が必要となる．IC カード方式の場合はプリペイ金額残高の 2 分の 1 以上預託することが義務づけられていたが，ネットワーク型についても，2010 年 4 月の資金決済法の施行により同様の義務付けが発生した．

表 4.3 電子マネー発行件数推移.

	カード発行枚数（万枚）	前年比	内携帯電話（万台）	前年比	端末台数（万台）	前年比
2014 年	25,534	—	2,722	—	153	—
2015 年	29,453	1.15	2,887	1.06	177	1.16
2016 年	32,862	1.12	3,091	1.07	199	1.12

日本銀行レポート 決済動向（2017 年 7 月年）のデータより作成

表 4.4 決済件数/決済金額推移.

	決済件数（百万件）	前年比	決済金額（億円）	前年比
2014 年	4,040	—	40,140	—
2015 年	4,678	1.16	46,443	1.16
2016 年	5,192	1.10	51,436	1.11

日本銀行レポート 決済動向（2017 年 7 月年）のデータより作成

(2) ネットワークインフラ

電子マネーが流通するためには，通信網が完備しており電子マネー利用のための端末や金額チャージのための端末が，ネットワークに容易に接続できる環境が整っていることが必要である.

(3) システムのインフラ

電子マネーを管理するサービス業者のコンピュータシステムが，整備されていることが必要である. 必要なトラフィックの負荷に対応できることや，各種の災害，外部からハッカーなどの各種の攻撃，内部の確たる運営体制の整備などが要求される.

4.8 電子マネーの市場規模

表 4.3 に示すように，電子マネー発行枚数は，2016 年時点で 32,862 万枚であり，前年比 112％となっている. ただし，2015 年が前年比率 115％であったのに比較すると伸び率は低下しているといえる. 携帯端末の台数も同様の傾向を示しているといえる. 一方，電子マネーの決済に利用する端末の台数の伸び率は，2015 年が 116％であったのに対して，2016 年は 112％と多少鈍化はしているが，相変わらず大きな伸びを示している. これは，電子マネー決済を導入する店舗が伸びていることを示すものであり，後で説明する決済金額の伸びを裏づけるものである.

次に表 4.4 に決済件数と決済金額の推移を表に示す. 2016 年の決済件数は 52 億回であり，国民 1 人当り 1 年に 40 回程度電子マネーによる決済を行っている計算となる. これも前年比 110％の高い伸びを示している. 決済金額は，51,436 億円であり，金額ベースでも，決済回数の伸びと同等となっている.

表 4.5 は電子マネーの残高を示したものである. 2016 年時点で 2,541 億円であり，前年比 110％で伸びていることがわかる.

表 4.5 電子マネー残高推移.

	電子マネー残高 （億円）	前年比
2014 年	2,034	—
2015 年	2,311	1.14
2016 年	2,541	1.10

日本銀行レポート決済動向（2017 年 7 月年）
のデータより作成

　一方で紙幣および硬貨の発行残高は 97 兆円であり，電子マネーの占める割合はごく僅かといえる．例えば，通信販売の代金引換も 40％程度利用されており，電子マネーは，まだ伸びる要素があるといえる．

　なお，これらのデータは，日本銀行レポート決済動向（2017 年）[5] より作成したものであるが，プリペイ方式の Edy, nanaco, WAON, Suica, PASMO, ICOCA. SUGOCA, Kitaca, の 8 つの電子マネーを調査対象としている．プリペイ方式のみを対象としているのは，プリペイ方式が電子マネーの利用の大多数を現時点では占めているからである．

演習問題

設問 1　電子決済と電子マネーの関係を述べよ

設問 2　プリペイ方式の場合チャージした金額はどこに保存されるか説明せよ．

設問 3　電子マネーの利便性を店舗の立場から説明せよ．

設問 4　FeliCa の特徴を説明せよ．

設問 5　日本における電子マネーと通常の通貨の発行残高を比較せよ．

参考文献

[1] 磯崎マスミ：電子マネーの技術とサービス，技術評論社 (2006).

[2] 岩田昭男：電子マネー業界ハンドブック Ver.1，東洋新報社 (2008).

[3] 竹内一正：電子マネーのすべてがわかる本，ぱる出版 (2007).

[4] 椎橋章夫：Suica が世界を変える，東京新聞出版局 (2008).

[5] 日本銀行レポート，決済動向 (2017).
　　https://www.boj.or.jp/statistics/set/kess/release/2017/kess1707.pdf

[6] JR 東海ニュースリリース 2010.12.20　別紙　交通系電子マネーデータ基礎データ．2010
　　年 11 月現在．http://jr-central.co.jp/news/release/_pdf/000009840.pdf

[7] 楽天 Edy のホームページ.
https://edy.rakuten.co.jp/

[8] nanaco のホームページ.
http://www.nanaco-net.jp/

[9] WAON のホームページ.
https://www.waon.net

[10] Suica 電子マネーのホームページ.
http://www.jreast.co.jp/suicamoney/index.html

[11] PASMO のホームページ.
http://www.pasmo.co.jp/

[12] ICOCA のホームページ.
http://www.jr-odekake.net/icoca/

[13] TOICA のホームページ.
http://toica.jr-central.co.jp/

[14] iD のホームページ.
http://id-credit.com/index_pc.html

[15] Smartplus のホームページ.
http://www.cr.mufg.jp/smartplus/

[16] QUICPay のホームページ.
http://www.jcb.co.jp/quicpay/

[17] PiTaPa のホームページ.
http://www.pitapa.com/

[18] BitCash のホームページ.
http://www.bitcash.jp/guide/use/

[19] Web Money のホームページ.
http://www.webmoney.jp/

[20] FeliCa のホームページ.
http://www.sony.co.jp/Products/felica/business/tech-support/index.html

第5章
デジタルコンテンツ

□ 学習のポイント

　コンテンツ (contents) とは媒体などに保存されている情報そのものを指す．例えば，小説，音楽や映画などの内容がコンテンツにあたる．現在ではインターネットを通じて多様なデジタルコンテンツが配信され，さらにブログや動画投稿サイトなどを通じて消費者も容易に発信できるようになっている．この結果，デジタルコンテンツに関する様々なインターネットビジネスが展開されている．本章は，次の事項を理解することを目的とする．

- インターネットにより，どのようなデジタルコンテンツが配信されているかを理解する．
- デジタルコンテンツ配信の仕組みと，コンテンツビジネスでの活用について理解する．
- 消費者自身がどのような手段で，自らのコンテンツを発信しているかを理解する．
- インターネットにより消費者がコンテンツを視聴するスタイルが変化してきていることを理解する．

□ キーワード

　デジタルコンテンツ，DRM，ストリーミング型，ダウンロード型，CDN，RSS，集合知，CGM，ブログ，トラックバック，SNS，動画投稿サイト，インターネットテレビ，電子書籍

5.1 デジタルコンテンツとインターネット

　デジタルコンテンツは，コンピュータで処理可能なデジタル形式，すなわち離散的な数値の集合によって表現されたコンテンツである．これに対し，アナログ形式は連続的な物理量によって表現される．例えば，写真はフィルムに光学的に焼きつけるアナログ形式で保存されていたが，現在ではデジタル形式でメモリに保存するデジタルカメラが一般的になっている．デジタル形式をアナログ形式と比較した場合，コピーしても劣化しないという特性があり，さらに IT の進展によりコンピュータによる加工が容易になったため，写真だけでなく音楽，動画（ビデオ，映画，TV 番組），書籍（小説，コミック），ゲームなど，幅広い分野でデジタル化が進展している．一方で国内では，ブロードバンドが急速に普及し（第 9 章参照），動画などの容量の大きなコンテンツについてもインターネットによってやり取りする環境が整ってきた．

　このようなデジタル化とブロードバンドによる高速化は，コンテンツを制作，管理，提供す

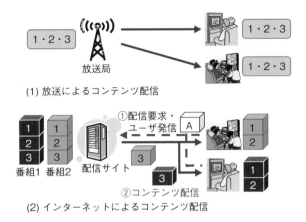

図 5.1 パケット交換によるコンテンツの送信と回線交換.

るコンテンツビジネスに大きな影響を与えている．例えば，以前は音楽や映像のコンテンツを消費者に販売する場合には CD (Compact Disc) や DVD (Digital Versatile Disc) などの媒体が広く使われてきたが，現在では消費者がコンテンツをインターネットで検索し，即時に購入して視聴することが可能になっている．また，図 5.1 に示すようにテレビ局では放送によってすべてのユーザに同一のコンテンツを配信するのに対して，インターネットのサイトでは個々のユーザの要求により見たい番組を見たい時に配信するオンデマンド配信や，ユーザ側からも発信することで双方向のコミュニケーションを行うことが可能になる．さらに，配信サイトを経由して消費者自身が広くコンテンツを配信することや，インターネットを通じて各地の消費者が共同でコンテンツを制作することも可能になっている．この結果，デジタルコンテンツに関する多様なインターネットビジネスが展開されている．

5.2 デジタルコンテンツ配信ビジネス

ここでは，インターネットを通じてユーザに配信されるコンテンツの中から，代表的なものとして音楽，動画，ニュースを取り上げて説明する．

5.2.1 音楽配信

有料音楽配信の売上高は，図 5.2 の (1) に示すように 2014 年から増加に転じており，特に定額制で自由に聞けるサブスクリプションサービスが伸長している．一方で，図の (2) に示すようにレコード，ビデオなどの音楽ソフトの生産額は減少傾向にある．

音楽のデジタル形式として音声の圧縮技術である MP3 が 1990 年代から開発されていた．これは，動画圧縮技術である MPEG (Moving Picture Expert Group) の最初の圧縮標準である MPEG-1 のうち，音声に関する部分だけを使用してコンテンツを作成するものであり，現在も広く使用されている．一方で，MP3 には著作権保護機能がないため，コピーしても劣化しないというデジタルコンテンツの特性により，無断コピーされたコンテンツ，いわゆる海賊版の問題

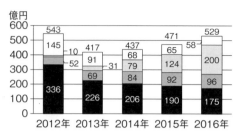
(1) 有料音楽配信売上推移

(2) 音楽ソフト総生産額推移

図 5.2 有料音楽配信の売上高の推移（文献 [2] に基づき作成）．

が発生していた．これに対して，音楽配信サイトから DRM（Digital Rights Management；デジタル著作権管理）のもとで有料のコンテンツを配信するサービスが行われたが，操作が複雑で広く普及するには至らなかった．

その後，2003 年（日本では 2005 年）にアップルが携帯プレーヤー iPod と音楽配信サイト iTunes Music Store（現在の iTunes Store）の組合せにより，音楽を DRM のもとで配信するサービスを開始した．このサービスでは容易に音楽をダウンロードでき，有料であるにもかかわらず急速にユーザを獲得していった．この成功によって，音楽配信ビジネスが広がっていくことになった．音楽配信ビジネスでは物理的な媒体の販売が行われないため，音楽配信企業は配信サイトに膨大な数の楽曲の在庫を持つことができる．例えば，iTunes Store の音楽は 4,300 万曲以上とされている（2018 年 1 月現在）．したがって，従来の CD などの媒体で販売している実店舗と比較した場合には第 3 章に示したロングテール現象が発生することになる．例えば，2005 年にある配信企業を調査した結果では，150 万曲の在庫すべてで販売実績があった．ちなみに当時，世界最大手のスーパーであるウォルマートの CD の在庫は 5.5 万曲である．このように，音楽配信サイトで提供される楽曲の数は急速に増加しており，売場面積に制約のあるレコード販売店では入手困難だった楽曲や，既に廃盤となっている楽曲も入手できるようになっている．

ここで，音楽コンテンツは DRM によってコピー先やコピー回数に制限が加えられている．方式としては以下のものがある．

① FairPlay

アップルが開発した技術であり，iPod, iTunes Store で使用されている．動画圧縮技術の MPEG-4 で使用されている音声圧縮技術である AAC（Advanced Audio Coding）に基づいている．

② Windows Media DRM

マイクロソフトが開発した技術であり，当初は Windows のコンテンツである WMA（Windows

Media Audio) と再生ソフトの Windows Media Player 用のものだったが，現在では幅広い機器やソフトウェアで採用されている．

③ OpenMG

ソニーが開発した技術であり，音声圧縮技術の ATRAC (Adaptive Transform Acoustic Coding) と組み合わせて用いられることが多いが，MP3 などの他の圧縮技術とも組み合わせることができる．

一方で各社の DRM は標準化されたものではなく，相互の互換性がないという問題が指摘されてきた．2007 年にはアップルが著作権管理のない音楽の流通を提言し，現在では一部で MP3 などの著作権管理のない音楽を配信するサービスが行われている．

5.2.2 動画配信

音楽と同様に，動画をデジタルコンテンツとして共有する手段は 1990 年代からあったが，ブロードバンドの普及を背景に，2005 年に商用サイト GyaO（現，GyaO!）の動画配信が開始された [6]．この時点での GyaO!のターゲットは 1 Mbps 以上の常時接続回線の 1,000 万世帯で，広告による無料のパソコンテレビというビジネスモデルであった．まず広告が表示され，ユーザは広告を視聴した上で目的のビデオなどを視聴するというスタイルである．その後，Gyao!ストアで有料の動画が配信されるようになり，民放各局からの配信も行われるようになった．また，同様の動画配信サービスが広がっており，テレビ局からの有料あるいは無料でのオンデマンド番組配信や，大学の講義，企業・学校のＰＲなど，様々な動画が配信されている．

他のサイトではテレビでの視聴を前提とした高精度の動画配信も開始されている．例えば，アクトビラではインターネットを通じた動画の配信を行っており，ビデオレンタルと同様に所定期間中の視聴，あるいは無期限で視聴できるサービスや，ダビングに対応したサービスも提供されている [7]．なお，ここで推奨されている回線の速度は 12 Mbps である（2018 年 1 月現在）．

動画の配信方式には，以下の 2 つがある．

① ダウンロード型

データを一旦，端末側に保存した上で再生する方式．ビデオ機器による視聴と同様に早送りや巻き戻しも可能になる．アクトビラで無期限の視聴，あるいはダビングを行う場合にはこの方式が使用されている．

② ストリーミング型

動画を再生させるのに必要なデータをリアルタイムで配信する方式．端末側にデータを保存しないため動画の再生を即時に開始できるが，回線やアクセスの状況によっては表示のスピードが遅くなる場合がある．

動画コンテンツは容量が大きいために，一時的に配信サイトにアクセスが集中すると動画配信サイトや回線の容量を越えてしまうことがある．特に，ストリーミング型の再生では，このよ

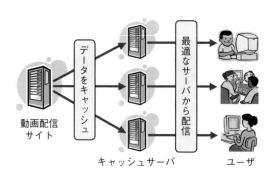

図 5.3　CDN による負荷分散の仕組み．

うな場合には画面の表示が遅くなったり一時的に停止してしまったりする．これに対して，再生をなめらかに行うために，CDN（Contents Delivery Network；コンテンツ配信ネットワーク）が開発されている．これは，図 5.3 に示すように動画配信サイトと端末の間に，コンテンツの複製を蓄積した複数のキャッシュサーバを置き，ユーザとの距離やネットワークの負荷を自動的に判別して，最適なキャッシュサーバから配信を行うことでネットワークの負荷を分散するものである．CDN のサービスは J ストリームのようなプロバイダにより提供されており，大容量コンテンツの配信やアクセス集中時のみの利用や，従量課金などで効率的に活用できるサービスが提供されている [8]．

5.2.3　ニュース配信

　主要なテレビ局あるいは新聞社では，各社のサイトでニュースの配信を行っている．これらのサイトでは，自社のリリースしたニュースを一定期間無料で提供するものが多く，テレビ局からは動画の配信も行われている．なお，日本経済新聞社は 2010 年から新しい電子版という位置付けで有料の電子版新聞を創刊しており，新聞記事全文のほかに読者ごとの「おすすめ」記事の配信や登録したキーワードを含む記事を自動表示する機能などのサービスを追加している [9]．

　一方で，Yahoo! や Google などのポータルサイトでは，図 5.4 に示すように，これらの各局のニュースをカテゴリ別に分けたり，検索エンジンと連携させて検索したりできるようにして提供しており，約 85％のユーザがポータルサイトを活用してニュースを閲覧している．大きな事件・事故のニュースの入手先としては，インターネットは 28％で新聞・テレビ（65〜74％）に及ばないが，過去記事の検索ができたり，重要なニュースが随時更新されて配信されたりするなどの魅力があるという調査結果が得られている．

　このような，ニュースサイトの更新情報を容易に入手するための技術として RSS がある．あるサイトの情報が更新されたかどうかを確認するためには，RSS の登場以前はニュースサイトの各ページを定期的に閲覧して，記事が更新されているか確認する必要があった．このため，各サイトでは「新着情報」などのページを作り，アクセスしてきたユーザをナビゲートしていた．しかし，ユーザにとっては，アクセスするサイトが多くなると個々のサイトを定期的にア

5.2 デジタルコンテンツ配信ビジネス ◆ 55

図 **5.4** ポータルサイトにおけるニュースの例（Google ニュースのホームページ [11] より）.

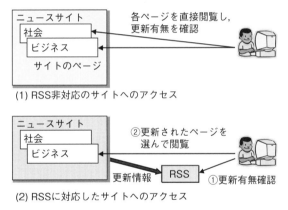

図 **5.5** RSS による更新ページの確認.

クセスするのは時間がかかるだけでなく，どこまで閲覧したかの管理も必要になり効率的ではない．RSS は XML (Extensible Markup Language) 技術を使った文書フォーマットであり，サイトの更新記事の更新日時，タイトルや記事の概要が記載され，蓄積されていく．すなわち，図5.5に示すようにユーザは RSS で更新記事を確認してから，必要な記事を選択してアクセスすることができる．

なお，RSS は汎用的な技術であり，ブログや動画を始め頻繁に更新される多くのサイトでも更新情報をユーザに提供するために使用されている．RSS 情報を入手する手段として以下の形態の RSS リーダがあり，様々な RSS リーダソフトが提供されている．

① 独立型：RSS リーダが単独で動作するものであり，記事の検索やソートなどの機能が充実しているものが多い．

② ブラウザ・メール型：ブラウザやメールに RSS リーダを組み込むものである．例えば，

Internet Explorer では，RSS を提供するサイトでフィードボタン 🔊 の色が変わり，このサイトの RSS リーダの URL を「お気に入り」バーの「フィード」に登録すれば，自動的に更新情報を入手できる．また，Outlook に登録すれば，「RSS フィード」のフォルダに更新情報がメールとして配信される．

③ Web サービス型：Web サイトに RSS コンテンツを登録したもので，自宅と会社などの複数の環境で使用する場合などには効率的に管理できる．このようなサービスは，例えば，Feedly から提供されている．

5.3 消費者生成メディア

かつてのインターネット上のコンテンツは，通常の新聞や雑誌などのように専門家によって製作されていた．しかし，Tim O'Reilly が提唱した Web2.0 の時代に入り，ブログ，SNS，口コミサイト（第6章参照）などで見られるようにユーザ自身がコンテンツを作成・公開することが広く行われるようになった [15]．この結果，ユーザはインターネットを通じて様々な情報を共有したり，互いに協力してコンテンツを作成したりするようになってきた．このように消費者自身の手でコンテンツを作成していくサイトは CGM（Consumer Generated Media；消費者生成メディア，あるいは消費者発信型メディア）とよばれている．また，そのコンテンツは集合知 (Collective Intelligence) とよばれ，専門化が持つ知識とは異なったものであるという主張や，一握りの天才や専門家の判断よりも普通の集団の判断の方が往々にして正しいという主張が示されている．CGM には多様なものがあるが，ここでは代表的なものを取り上げ，その仕組みや，従来の専門家によって作成されていたコンテンツとの相違について説明する．

5.3.1 ブログ

ブログ (Blog) は個人の記録である日記をインターネット上で公開するためのサービスとして 1999 年に米国で開始され，2001 年にトラックバック機能が追加されたことから普及に拍車がかかった．トラックバックは図 5.6 に示すようにブログを見た人が記事に対して意見を書き込んだり，自分のブログへのリンクを作成したりするものである．これによって，容易に意見を表明したり，関連するブログを自身のブログの中で紹介したりできるようになった．また，閲覧するだけの読者についても記事に対する感想や意見などを投稿するコメント機能がある．このような機能により，相互にコミュニケーションを図ることができる．

また，ブログは随時記録していく形式のためホームページに比較して更新が容易であることや，携帯電話からでも更新が可能なことから多くのユーザがブログを発信しており，2009 年 1 月には国内のブログサービスの登録者数は約 2,700 万人と推計されている．こうして，CGM としての消費者個人のニュース発信や意見交換にとどまらず，専門家あるいは企業の情報発信やイベントの案内など，幅広いユーザに利用されるようになっている．また，ブログの内容により世の中の意見や評価の動向がわかることから，例えば，企業ではブログを検索・集計する

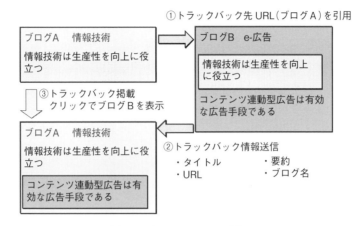

図 5.6 トラックバックの仕組み．

ことにより，その時々の企業に関する話題を把握することに利用されている．

5.3.2 SNS

ブログが情報を公開しているのに対し，SNS (Social Network Service) は会員間のつながりを重視した閉じたネットワークである．サイトの内容としては，掲示板やブログ，会員が協力して作成するコンテンツなど，インターネット上での活動と同様の機能を持つが，既に入会している会員の招待によって会員になる形態を基本としており，外部へ公開される情報は限定的なものになる．したがって，新しい仲間と知り合ったり，同じ趣味や目的を持つ会員のコミュニティを構成したりする目的で使用されることが多い．このような利用形態のため，会員のプロフィール管理が行われることが多く，例えば，ブログでは時に予想を越えた批評や中傷などのアクセスが殺到し「ブログ炎上」といわれる状況が発生するのに対して，SNS では秩序のある交流が維持しやすい．

SNS は様々な目的のものが運営されており，内容は多様化している．例えば，特定の話題についての SNS では，2006 年から日本版のサービスを開始した MySpace があり，音楽に関するコンテンツが豊富で海外のアーティストと「友達」になれることから，特に洋楽を楽しむ利用者の利用が多い．また，各地域では地域独自の SNS を活用することで地域の活動が活発化している事例がある．さらに，企業や特定の組織内でのコミュニケーションを活性化するための導入も行われている．一方で，国内大手の SNS である mixi，GREE ではいずれも会員数が 2,000 万人を越えており，携帯電話の認証を行うことで招待無しの登録を可能している．この結果，個人を特定する情報公開が制限されたりするなど，SNS 本来の形態に比較して開かれた運営形態が取られている．なお，世界規模では実名登録を基本とする Facebook が会員数 20 億人で，このうち国内の会員数は 2,800 万人になっている（2017 年 9 月現在）．

5.3.3　知識共有サイト

インターネットのコンテンツをユーザが協力して作成することで知識を共有し，集合知を構築しているものの代表として，インターネット百科事典の Wikipedia がある．Wikipedia は従来は専門家が監修・編集していた百科事典の記事を，誰でも匿名で編集できるようにしており，多くのユーザのボランティア活動によって記事が書かれている．編集方針としては，中立的な観点や検証可能性を維持し，独自研究は載せないとしており，また，出典の明記が推奨されている．言語別の管理者がおり，ページの保護や投稿ブロックなどの権限を持つが，記事の内容はユーザの議論によって決定される方針になっており，多くのユーザが閲覧・編集しているため誤りがあれば修正されて信頼性が高まると考えられている．記事の数は，2001 年の発足から 2018 年 1 月 1 日現在で日本語版が 109 万項目，英語版が 554 万項目となっており，1768年からの歴史を持つブリタニカ百科事典の項目数が 6.5 万項目であるのに比較すると集合知による網羅性は高いといえる．

一方で，専門化による査読がなく，情報の信頼性や公平性が保証されていないために問題を起こすことがあり，創始者の Jimmy D. Wales が Wikipedia を学術研究の出典として使用しないように呼びかけている．ただし，このような不備は学術百科事典における専門項目でも指摘されており，結局，使用にあたってはマスメディアや学術資料の場合と同様に，Wikipediaの記事の出典の確認や複数資料を参照して裏付けを取ることが重要であると考えられる．

5.3.4　動画投稿サイト

動画投稿サイトは動画共有サイトともよばれ，動画配信サイトが専門家の制作した映画やテレビドラマなどを配信するのに対して，ユーザ自身が制作した動画コンテンツの投稿を受け付け，配信する．2005 年に設立された YouTube では投稿者がタイトル，説明，カテゴリ，検索用のタグを設定できるため，サイト内でカテゴリやキーワードによる検索が可能なだけでなく，ポータルサイトなどの検索サービスからも検索できるようになっている．また，視聴したユーザが評価やコメントを投稿することでコミュニケーションを行うことが可能であり，米国ではSNS に分類されることもある．このようなサービスにより，設立から 14 ヵ月という短期間でユーザ数が 1,000 万人を越えている．この成功によって様々な動画投稿サイトが設立されるようになった．

国内ではニコニコ動画が 2006 年からサービスを開始しており，2010 年 12 月現在で約 2,000万人が会員登録している．ニコニコ動画では，図 5.7 に示すように再生の際にコメントを投稿でき，他のユーザが投稿したコメントを動画上や画面の横に表示するサービスを提供している．これによって，従来は動画コンテンツが一方的に配信されるだけだったのに対して，双方向でのコミュニケーションや，他のユーザのコメントを見ながら臨場感のある視聴が可能になっている．さらに，動画をリアルタイムで配信する生放送も行っており，同様にコメントを活用したコミュニケーションが可能である．

動画投稿サイトは動画コンテンツを広く配信できるため，一般のユーザだけでなく，プロの

図 5.7　動画投稿サイト（ニコニコ動画のホームページ [22] より）．

アーティストのプロモーションビデオや企業の CM の配信にも活用されており，多様なコンテンツを閲覧できるようになってきた．一方で，著作権を侵害したコンテンツ配信などの違法な配信が横行しており，YouTube では削除依頼を受け付けては削除を繰り返している．また，暴露記事の投稿や機密の漏えいが発生した場合には，一旦，投稿された情報が次々に他のサイトに転載されていくことから漏えいの拡大を阻止できなくなっており，企業や国家の機密保持に対する脅威ともなっている．

5.4　デジタルコンテンツの動向

5.4.1　インターネットテレビ

2011 年 7 月で日本のテレビは地上波デジタルに移行した．すなわち，インターネットと同様にデジタルコンテンツとしての配信が行われることになり，インターネットとテレビの融合や，モバイル端末への放送などが行われている．例えば，インターネットとテレビの融合としては，Apple TV などのようにテレビに接続してインターネットの動画を視聴するセットトップボックス (STB; Set Top Box) 型の機器が商品化されている．

また，テレビ放送に対するインターネットの魅力としては，ユーザ相互のコミュニケーションがある．これに関しては，以前から図 5.8 に示すソーシャル TV (Social TV) とよばれる視聴方法が行われていた．これは主に文字や音声・映像によるチャット機能を持ち，同じ番組を見ている他の視聴者たちとインターネットなどを通じて会話できるものであり，オバマ大統領就任式の映像が米国のテレビ局からこの方法で放送されたことから急速に認知されてきた．この時には，テレビ局の CNN が SNS サービスサイトの Facebook と連携し，Facebook に書き込まれたコメントを放送映像と一緒に表示させる方法を取っている．現在では，5.3.4 節に示すように動画を視聴しながらコミュニケーションを行うサービスも提供されている．

さらに，2010 年に米国でソニーなどにより Google TV が発売された．これは，Google の携帯端末プラットフォーム Android を採用しており，テレビを視聴しながらインターネット

図 5.8 ソーシャル TV の概念（文献 [25] に基づき作成）.

検索や，動画配信・投稿サイトのコンテンツの視聴などのインターネットの機能が利用できる．なお，Google TV は 2015 年で開発を終了し，Android TV に移行している．今後は，居間でくつろぎながら視聴するというテレビの視聴スタイルを取りながら，インターネットにもアクセスできる機器やサービスが普及していくと予想される．

5.4.2 電子書籍

米国では 2009 年度から電子書籍ビジネスが急速に拡大している．2010 年には 10 億ドルの市場規模に達し，米国アマゾンでは電子書籍の販売数が通常の書籍を抜いている [27]．また，電子書籍の携帯用リーダとしては，iPad などの汎用的な端末，アマゾンのキンドル (Kindle) などの電子書籍専用の端末，携帯電話のスマートフォンなど，多様なものが提供されている．電子書籍は紙の本に比較して，拡大機能により中高年者に見やすくできること，場所を取らないこと，音楽配信と同様に配信サイトに多様な書籍を蓄積できるため絶版となった書籍やニッチな書籍の流通も期待できること，などが利点として挙げられている．

また，Google ではいくつかの図書館と提携して書籍の電子化を進めており，Google ブックスで 2011 年 2 月現在 700 万冊の全文検索が可能になっている．著者が了解したものは全文あるいは一部の閲覧が可能になっているが，電子化をめぐる集団訴訟の過程で国内の書籍は除外されたため，日本語の書籍で閲覧対象となっているものは少ない．

一方で日本では，米国で普及する前からコミックを中心とした電子書籍や携帯端末が流通し，何度か「電子書籍元年」といわれた時期があった．2010 年には再び「電子書籍元年」として各社が端末を発表し，キンドルも日本で購入できるようになった．こうして，図 5.9 に示すように電子書籍（書籍，雑誌）の市場規模の拡大が続いており，2016 年度には 2278 億円に達し，今後も拡大が継続することが予想されている．なお，ジャンル別では，2016 年度は電子コミックが約 8 割を占めている．また，音楽配信と同様に，定額制で自由に読めるサブスクリプションサービスも開始されている．一方で，紙の出版物（書籍，雑誌）は減少傾向が続いており，

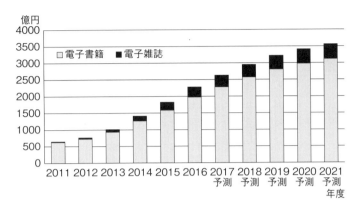

図 5.9　日本の電子書籍の市場規模の推移（文献 [28] に基づき作成）．

1996 年の 2 兆 6563 億円をピークに，2016 年には 1 兆 4709 億円となっている．

演習問題

設問 1　1 つのコンテンツを取り上げて，デジタルコンテンツとアナログコンテンツのそれぞれの形式の事例を上げ，各々の長所を述べよ．

設問 2　インターネットを利用した音楽配信ビジネスが普及している．消費者の視点から見て，CD などの媒体で販売するビジネスに比較して便利であると考えられる点を 3 点挙げよ．

設問 3　Wikipedia は学術研究の出典として利用しないように呼びかけられているが，その理由を述べよ．また，学術研究で活用する場合にどのような方法が考えられるか，注意点と併せて述べよ．

設問 4　テレビとインターネットの融合により，可能となるサービスを 3 つ挙げよ．なお，現在実現しているもの，あるいは今後実現すると予想されるもののいずれでも良い．

設問 5　デジタルコンテンツの普及には標準化が重要である．コンテンツの形式や DRM の標準化が行われない場合の課題を 3 つ挙げよ．

参考文献

[1] 総務省：平成 21 年「通信利用動向調査」の結果 (2010)．
　　http://www.soumu.go.jp/main_content/000064217.pdf

[2] 日本レコード協会：日本のレコード産業 2017 (2017)．
　　http://www.riaj.or.jp/f/pdf/issue/industry/RIAJ2017.pdf

[3] 幡鎌博：e ビジネスの教科書，創成社 (2008)．

[4] ITpro：米 Apple の Steve Jobs 氏，「デジタル著作権管理技術の廃止が理想的」，日経 BP

社 (2007). http://itpro.nikkeibp.co.jp/article/NEWS/20070207/260955/

[5] USEN：USEN，無料ブロードバンド放送を 4 月 6 日より試験放送開始～パソコンテレビ「GyaO」1,000 万人の視聴者獲得を目指す～(2005).
http://www.usen.com/admin/corp/news/pdf/2005/050405_2.pdf

[6] Yahoo! JAPAN：GyaO!. http://gyao.yahoo.co.jp/

[7] アクトビラ：アクトビラ ホームページ. http://actvila.jp/

[8] J ストリーム：J-Stream CDNext. https://www.stream.co.jp/service/cdn/cdnext/

[9] 日経 BP 社：「日本経済新聞社　電子版」(Web 刊) 創刊のお知らせ (2010).
http://techon.nikkeibp.co.jp/article/COLUMN/20100310/180967/?rt=nocnt

[10] 新聞通信調査会：第 3 回 メディアに関する全国世論調査 (2010 年) (2011).
http://www.chosakai.gr.jp/notification/pdf/report3.pdf

[11] Google：Google ニュース. http://news.google.co.jp/nwshp

[12] 電脳事務：最新 Web テクノロジー Web2.0 時代に欠かせない IT 知識が身につく，ソフトバッククリエイティブ (2006).

[13] 大向一輝：Web2.0 と集合知，情報処理 Vol.47，No.11，pp.1214-1221 (2006).

[14] 中村忠之：e ビジネス教室，中央経済社 (2008).

[15] O'Reilly, T.: What Is Web 2.0: Design Patterns and Business Models for the Next Generation of Software (2005). http://oreilly.com/web2/archive/what-is-web-20.html

[16] 総務省：「ブログ・SNS の経済効果に関する調査研究」の結果公表 (2009).
http://www.soumu.go.jp/menu_news/s-news/16209.html

[17] ウィキペディア財団：Wikipedia:全言語版の統計.
https://ja.wikipedia.org/wiki/Wikipedia:全言語版の統計

[18] ブリタニカ・ジャパン：商品のご紹介. http://britannica.co.jp/products/index.html

[19] 渡辺智暁：われわれはウィキペディアとどうつきあうべきか：メディア・リテラシーの視点から，情報の化学と技術，Vol.61，No.2，pp.64-69 (2011).

[20] 佐藤尚規：インターネット業界最新事情～日本のインターネットビジネスがまるごとわかる，技術評論社 (2008).

[21] 総務省：平成 19 年版 情報通信白書 (2007).
http://www.soumu.go.jp/johotsusintokei/whitepaper/h19.html

[22] ドワンゴ：ニコニコ動画：GINZA. http://www.nicovideo.jp/video_top

[23] 山崎順一郎：ネットコンテンツビジネスの行方，毎日コミュニケーションズ (2007).

[24] 志村一隆：ネットテレビの衝撃，東洋経済新報社 (2010).

[25] 斉藤義仰：インターネット放送の魅力と可能性，情報処理 Vol.51，No.1，pp. 64-67 (2010).

[26] 内田泰，他：テレビ最後の挑戦—Google TV が示す未来，日経エレクトロニクス，2010 年 12 月 13 日号，pp. 28-60 (2010).

[27] MarkeZine：アマゾン，電子書籍の販売数がハードカバーを抜く，翔泳社 (2010).
http://markezine.jp/article/detail/11014

[28] インプレスブックス：電子書籍ビジネス調査報告書 2017 (2017).
https://book.impress.co.jp/books/1117501005

[29] 歌田明弘：電子書籍の時代は本当に来るのか，ちくま新書，筑摩書房 (2010).

[30] Google：Google ブックス．http://books.google.co.jp/bkshp

[31] 300 万人編集会議から：日本人は「透明な Facebook」に耐えられるのか？，日経トレンディネット (2011). http://trendy.nikkeibp.co.jp/article/column/20110131/1034333/

[32] 日本書店商業組合連合会：全国書店新聞 平成 29 年 2 月 15 号 (2017).
http://n-shoten.jp/newspaper/index.php?e=561

[33] アイティメディア：Facebook が注目する「中小企業」と「地方」，ITmedia ビジネスオンライン (2017).
http://www.itmedia.co.jp/business/articles/1709/15/news038.html

第6章

インターネットマーケティング

□ 学習のポイント

インターネットマーケティングはインターネットを使用したマーケティングの総称である．企業は製品やサービスを開発するとともに，その情報を消費者に届けて販売を促進する．マーケティングはこのような企業の活動全般に関係しており，電子商取引を含む幅広い活動となる．また，インターネットマーケティングにおいては，インターネットビジネスの様々な手法や技術が活用されている．本章は，次の事項を理解することを目的とする．

- インターネットビジネスの進展は，マーケティングにどのような影響を与えているかを理解する．
- インターネット広告の仕組みを理解する．
- インターネットの検索サービスを活用したマーケティング手法を理解する．
- ネットショップを訪問した顧客への販売を促進するための手法を理解する．
- 消費者の情報共有手段について理解する．

□ キーワード

AIDA モデル，AISAS モデル，市場細分化マーケティング，検索連動型広告，コンテンツ連動型広告，アフィリエイト広告，属性ターゲティング広告，行動ターゲティング広告，インプレッション保証型広告，クリック保証型広告，SEM，コンバージョン率，離脱率，アクセス解析，LPO，EFO，ワントゥワン・マーケティング

6.1 マーケティングとインターネット

マーケティングとは，企業が消費者との関係の創造と維持を様々な企業活動を通じて実現していくことである．具体的には，顧客が求める製品を作り，その情報を顧客に届け，顧客がその製品を得られるようにするという，企業の一連の活動になる．このため，マーケティングは複数の手法や活動を統合的に展開することによって実現される．これらの手法や活動の枠組みは 4P とよばれるカテゴリに分けて示すことができ，これを消費者から見ると図 6.1 の 4C で表現できる．これらは，いずれもインターネットビジネスの進展によって急速に変化してきている．4P のカテゴリの概要と変化の事例を以下に示す．

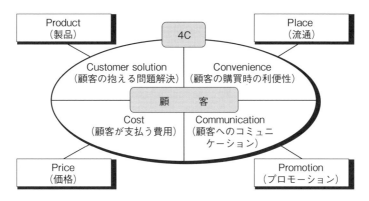

図 6.1 マーケティングにおける 4P と 4C.

① **Product**（製品）：消費者に販売して対価を得るものであり，無形の場合はサービスとよばれる．インターネットの進展により，デジタルコンテンツの普及や（第 5 章参照），CGM を活用した製品企画が行われるようになっている（6.5 節参照）．

② **Price**（価格）：消費者の購入有無は製品の善し悪しだけでなく，価格が大きな要素を占める．ネットオークション（第 3 章参照）など，インターネットを通じて消費者が価格に対し豊富な情報を持つようになっている（6.3 節参照）．

③ **Place**（流通）：消費者が製品を入手するための流通経路であり，かつてはメーカから卸売業者を経て実店舗で販売されていた．現在は，ネットショップやクリック＆モルタルでの販売など，従来の流通経路に加えてインターネットを活用した流通経路も普及してきている（第 3 章参照）．

④ **Promotion**（プロモーション）：消費者に製品の有用性を知らせ，購入に結びつける一連の活動である．ネットショップではネット広告や，ネットショップを訪問した顧客への販売を促進するための様々な手法が活用されており，本章で説明する．

さらに，インターネットビジネスの進展は消費者の購買行動にも影響を与えている．従来の購買行動モデルとして，図 6.2 の (1) に示す AIDA（アイダ）モデルが知られている．これは，消費者の反応が「注目」，「関心」，「欲求」，「購入」の順に生じるとするモデルである．まず，広告などで製品の存在を知らせて注目を引き出し，来店した消費者に製品を見せて関心を高め，製品の有効性を説明して購入の欲求を起こさせて，最終的に購入に結び付けるという流れを示している．このモデルでは，広く注目を引くためには広告が役立ち，製品の内容についての深い説明や購入の決定には販売員が大きな役割を果たす．

ところが現在では，インターネットの進展に伴い消費者が入手する製品の情報が飛躍的に増大している．例えば，購入する製品を探す場合には，検索サービスでどのような製品があるか調査し，口コミサイト（6.3 節参照）で製品仕様や価格，購入した消費者の評価情報を閲覧できる．また，製品を購入した後には口コミサイトやブログなどの CGM で評価情報を発信することができる．こうしたインターネットビジネスにおける消費者の購買行動は，図 6.2 の (2) に

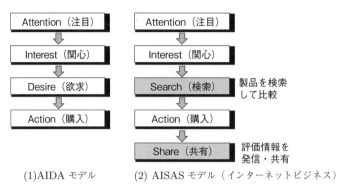

図 6.2 消費者の購買行動の変化.

示す AISAS（アイサス）モデルによって説明される．このモデルでは，AIDA モデルの「注目」，「関心」の次に「検索」によって製品の情報を調べて比較検討し，「購入」した後で製品の情報を発信して消費者が情報を「共有」する．

一方，市場自体も変化してきている．以前は，市場全体を対象としたマーケティングを行う，マス・マーケティングが有効に機能していた．すなわち，企業は1つの製品を大量生産し，テレビや新聞，雑誌などのマスメディアによって市場全体を対象としたプロモーションと大量流通を行うことで，消費者を囲い込むことができた．ところが，今日，市場の成熟化に伴い消費者のニーズは多様化しており，1つの製品ですべての消費者のニーズを満足することが困難になってきている．さらに，上記のように消費者の得られる情報量が格段に増加したため，消費者は多くの選択肢を持てるようになっている．

このため，企業の側でも市場を何らかの共通点に基づいてグループ化し，消費者の多様性に応えながらも一定の範囲で需要を確保しようとする，市場細分化（セグメンテーション）マーケティングの展開が必要になっている．一方で，インターネットを活用することにより，個々の消費者に向けた個別のプロモーションを展開することが可能になり，インターネットマーケティングが広く展開されるようになった．本章では，AISAS モデルに沿ってインターネットマーケティングの手法を説明する．

6.2 インターネット広告

6.2.1 インターネット広告におけるターゲティング

従来は，マスメディアによる広告が消費者の注目を引き起こすのに有効だった．現在では電子商取引（第3章参照）や消費者の多様化が進んでおり，インターネット広告には従来のマスメディアによる広告よりも有利な点が生じている．例えば，ブラウザのハイパーリンクにより，広告を閲覧している消費者を直接，目的のネットショップなどに誘導することができ，AISAS に見られるように検索から直ちに購入に移る消費行動が可能になっている．さらに，サイトの閲覧者の嗜好や，行動に即した広告を表示できるという利点がある．市場細分化マーケティン

図 **6.3** 検索連動型広告（Yahoo! JAPAN のホームページ [9] より）.

グにおいて標的市場を設定することをターゲティングとよぶ．インターネットにより，以下に示すように標的市場の消費者を選別して，効率的に広告を表示できるようになっている．

(1) 検索連動型広告

インターネットでは消費者が様々なサイトで情報を検索している．検索対象は，当然，消費者が興味を持っているものであり，時には購入を検討している製品やサービスである．したがって，検索のために入力されるキーワードに連動した広告を表示することで，目的とするネットショップに誘導する可能性を高めることができる．図 6.3 に Yahoo! の検索画面の事例を示す．検索結果の上部に 4 件，および右側に入力したキーワードを含む「スポンサードサーチ」が表示されている．広告主は特定のキーワードの検索結果に広告サイトを表示する権利を運営会社から購入するが，Yahoo! の例ではクリックされる度に料金が発生する仕組みになっており，購入の際の入札価格と広告品質（クリック率など）によって表示される順位が決定される方式になっている．

(2) コンテンツ連動型広告

コンテンツ連動型広告はコンテンツターゲティング広告ともよばれ，表示されたページの内容と，あらかじめ掲載を依頼されていた複数の広告をマッチングして，ページにふさわしい広告を自動配信する仕組みである．例えば，Google では AdWords と AdSense の仕組みが構築されている．AdWords は広告主が広告を依頼するものであり，広告およびマッチングのためのキーワードを指定する．一方，AdSense はサイト運営者が広告を掲載することを申し込むものであり，広告を掲載するページや掲載場所を指定する．AdSense に申し込まれたページが表

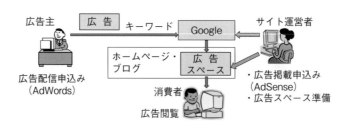

図 6.4 AdWords と Adsense の仕組み．

示されると，AdWords に申し込まれた広告のキーワードとページのコンテンツとのマッチングが行われ，関連の高い広告が表示される仕組みになっている．この仕組みにより，広告がクリックされて広告主のサイトへ誘導する頻度を高めることが可能になる．なお，AdWords ではコンテンツ連動型広告だけでなく，Google や Google と提携したサイトでの検索連動型広告にも表示することができる．

(3) 属性ターゲティング広告

インターネット上でサービスを受ける際には，年齢，性別，居住地，趣味などの属性を登録する場合がある．このようなユーザの属性を利用してユーザにあった広告を配信する手法が属性ターゲティング広告であり，以下のようなターゲティングに分類される．

① デモグラフィックターゲティング

性別，年齢，職業，年収などの個人の属性情報に応じて広告を表示するもので，化粧品の広告であれば女性のユーザには口紅などの広告を配信する．

② エリアターゲティング

住んでいる地方，地域などの地理的情報によるもので，住宅の広告であれば消費者の居住する地域の住宅の広告を配信する．

③ サイコグラフィックターゲティング

趣味，興味，関心，嗜好などの心理的情報によるもので，旅行が趣味であれば旅行用品や旅行案内の広告を配信する．

(4) 行動ターゲティング広告

上記の3つの広告は，個々のページの情報やユーザの情報のみで表示する広告を決定するものであった．これに対し，行動ターゲティングは複数のページにわたるユーザの閲覧履歴から，配信する広告を決定するものである．例えば，自動車に関する様々なページを閲覧している場合には自動車を購入する可能性が高いと考えられ，自動車やカー用品に関連する広告が有効と推定される．このように，行動ターゲティングによって広告の有効性が高められるだけでなく，ユーザにとっても興味や関心に合った広告が表示されるため有効な情報にたどり着きやすく，拡大する傾向にある．

また，属性ターゲティングと組み合わせることで，有効性が拡大するという結果が報告されている．例えば，デモグラフィックターゲティングとして年齢，性別を加味した行動ターゲティ

ング広告は，ターゲティングを行わない場合の 4.5 倍，行動ターゲティングだけの場合の 1.9 倍のクリック率が，また，エリアターゲティングを加味した行動ターゲティング広告ではエリアターゲティングだけの場合の 3〜4 倍程度のクリック率が得られたという事例がある．

6.2.2 インターネット広告の課金戦略

インターネット広告は，個々の閲覧者が閲覧しているページのコンテンツや検索キーワードに応じて自動的に配信されるため，マス広告のような配信の予想は立てにくい．一方で，インターネットでは，閲覧者の操作ログをトレースすることで，閲覧履歴や操作を追跡できるため，インターネット全体での広告の表示回数やクリック回数の実績や，広告主のサイトに移動した後の結果まで把握することができる．これを活用して，広告が所定の成果を上げるまで掲載したり，成果に応じて課金したりする形態が可能になっている．主な課金の形態を以下に示す．

① 掲載期間保証型広告

　広告が一定期間掲載される形態であり，マス広告に近い形態といえる．夜間や週末などの広告効果の高い時間帯を指定して広告を配信するなど，広告の配信方法をきめ細かく制御することも可能になっている．掲載期間保証型広告は，表示回数の多い，サイトのトップページの広告枠などに掲載される．

② インプレッション保証型広告

　設定された表示回数（インプレッション；impression）に達するまで広告掲載を続ける形態．広告が表示されることにより，ユーザが商品やサービスの存在を知り，注目するようになるという効果を狙う場合に採用される．

③ クリック保証型広告・クリック課金型広告

　広告のクリック回数を基準に課金するものであり，設定されたクリック回数まで掲載を続ける形態をクリック保証型広告，クリック数に応じて課金する形態をクリック課金型広告とよぶ．クリックすることでネットショップなどの目的のサイトに誘導することができるため，商品の販売などを目的とする場合には，インプレッション保証型広告よりも費用対効果が明確になる．

④ アフィリエイト（成果報酬型）広告

　インターネット広告で獲得できる最終的な成果をコンバージョン (conversion) といい，例えば，ネットショップでの商品販売，インターネットコミュニティの会員登録などがある．コンバージョンの回数により課金される広告を，アフィリエイト広告とよぶ．なお，何をコンバージョンの基準とするかは広告の目的によって異なり，例えば，高額な商品などで実店舗への来店を促すのが目的の場合には資料請求がコンバージョンとなる．

実際の運用では，クリック課金型広告やアフィリエイト広告を，期間保証型広告と組み合わせたり，一定の予算内で実施するために費用の上限を設けて到達時点で広告を打ち切ったりするなど，上記の形態をベースにして様々な形態が取られている．一方で，現在では企業だけでなく，消費者自身がブログなどのサイトを運営できるようになっており，広告が掲載可能なペー

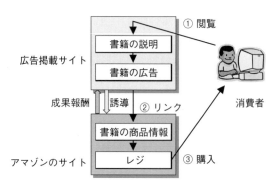

図 6.5 アフィリエイト広告（アマゾン・アソシエイト・プログラム）．

ジは急速に増加している．したがって，例えば，6.2.1 節の AdSense のように広告掲載ページごとにクリック数を測定し効果に応じた報酬を支払う方式を取ることで，運営サイト側も訪問者を増やして広告の配信頻度やクリック率を高めようとするようになる．

これを活用し，アフィリエイト広告を最初に始めたのがアマゾンのアソシエイト (associate)・プログラムである．アマゾンでは多種多様な書籍が販売されているが，あまり知られていない書籍はなかなか消費者の目にはとまらない．そこで，そのような書籍に関連した内容のサイトに広告が掲載されたり，ブログで書籍の紹介や引用記事と併せて広告が表示されたりすれば消費者の目にとまり，図 6.5 のようにリンクによってアマゾンのサイトに誘導され購入することが期待できる．特に，アフィリエイト広告では広告掲載サイトの運営者が独自の視点で記事を作成するため第三者による客観的な評価として受け入れられ，また，通常の広告ではアプローチしにくい消費者が閲覧するため購入の機会が増大することが期待できる．

現在では，アマゾンのように自社で独自にアフィリエイト広告を実施している企業のほかに，Google AdSense にように広告の掲載を希望する広告主とサイト運営者の仲介を行うアフィリエイト・サービスプロバイダ (Affiliate Service Provider) がサービスを展開している．

6.3　ネットショップにおける検索戦略

インターネットの進展によって，商品やサービスに対して消費者の持つ情報量は格段に増えている．例えば広告で，ある商品に関心を持った場合には該当の商品の評価や，同様の商品の情報を収集して比較検討し，最適な商品を選択しようとする．ここでは，AISAS モデルの検索を行っている段階の消費者を対象としたマーケティングについて説明する．

6.3.1　SEM (Search Engine Marketing)

SEM (Search Engine Marketing；検索エンジンマーケティング) は検索サービスの結果から自社のサイトへ誘導するマーケティング手法である．インターネットを利用する消費者は，検索サービスのキーワード検索で様々な情報を収集しており，SEM は消費者を自社サイトに誘導

図 **6.6** 検索結果と検索連動型広告におけるクリックの割合（文献 [15] より作成）．

する上で重要になる．図 6.3 に示すように検索サービスでは，消費者の入力したキーワードによる検索結果と，検索連動型広告の両方が示されるため，SEM は双方を対象にして行われる．

図 6.6 に閲覧者がどちらをクリックする割合が高いか調査した結果を示す．図に示されるように，検索結果をクリックする割合が高い閲覧者が半数以上となっている．また，広告費の点でも検索連動型広告が課金されるのに対して，検索結果の表示は課金されない．したがって，検索結果の上位に自社サイトの情報を示すことが有効となる．ただし，一般的なキーワードで検索した場合には検索結果が膨大な数になる上に，検索結果の表示アルゴリズムは公開されておらず，自社のサイトを閲覧者の目にとまりやすいように上位に表示することがむずかしい場合がある．この場合には，検索連動型広告を活用することが有効になる．

このように，SEM においては検索結果の上位に表示するための自社サイトの最適化と，それを補うための検索連動型広告を併用し，費用対効果の最適なマーケティングを行うことが重要である．なお，検索に関するサイトの最適化については，第 7 章を参照されたい．

6.3.2 口コミサイト

口コミは，家族，友人，隣人などのインフォーマルな情報源からの情報伝達経路であり，以前から製品購入経験に基づく非営利的な評価情報源として知られていた．広告では製品の特徴がよくわかる半面，実際に使用した消費者の感想や不満は見えにくい．特に，ネットショップでは，製品を実際に手にとって見ることができないため，第三者の評価が重要視される．このような第三者の評価サイトとして，購入者の製品に関する口コミ情報の掲載に特化した口コミサイトが登場している．消費者自身が口コミを投稿し，あるいは第三者の口コミを閲覧することで，かつては内輪の情報でしかなかった口コミ情報を広く収集できるようになっている．

化粧品に特化した@cosme（アットコスメ）では，図 6.7 に示すように 850 万件の口コミが蓄積され，その統計に基づくランキングが掲載されている [4]．また，口コミだけでなく製品に関する質問や回答を投稿するなど，化粧品・美容のポータルサイトとして消費者同士のコミュニケーションの場ともなっている．また，価格.com では口コミや統計情報のほかに，製品ごとに店舗の価格比較が掲載されている [5]．例えば，パソコンなどの値崩れが激しい製品では，メーカが希望小売価格を廃止して小売店の判断で小売価格を決めるオープン価格にしなければならないが，価格比較情報によって実勢価格を把握することができる．

一方で，口コミ情報は誰でも書き込めるため，口コミサイトの方針に反して意図的な情報操

図 6.7 口コミサイト（@cosme のホームページ [4] より）．

作や偏った情報が書き込まれる場合もある．したがって，活用に際しては，この前提に立って複数の情報源で確認するか，参考情報として活用するなどの注意が必要になる．

6.3.3 その他の検索サイト

購入する製品のカテゴリが決まっている場合には，第 3 章に示したネットモールや，該当する商品を扱っているネットショップ，あるいは Yahoo! ショッピングなどのポータルサイトで検索を行うことができる．さらに，ネットショップでも消費者の評価や口コミ情報を積極的に掲載しているところがあり，口コミサイトと同様に製品購入の際の参考情報として閲覧できる．また，ネットモールでは，該当製品をモール内で販売しているショップや価格などを一覧で表示し，訪問した消費者をショップへ誘導している．人力検索サイトでは製品に関連する質問を投稿して実際に使用した人の意見を聞くことや，投稿済の質問や回答を検索することで情報収集することができる（第 7 章参照）．

6.4 ネットショップ内におけるプロモーション

広告や検索サイトからのリンクによって，消費者はネットショップの入口まで誘導される．ここで，訪問した消費者が目的の製品のページを見つけられなかったり，操作が煩雑なため立ち去ったりしては意味がない．このため，サイトを最適化してコンバージョン率や売上を拡大するためのプロモーションが必要になる．

6.4.1 コンバージョン率の改善

自社サイトを訪問した消費者がコンバージョンに至った割合をコンバージョン率（CVR；

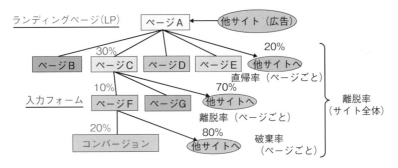

図 6.8 サイト経路分析の例．

Conversion Rate）という．サイトのコンバージョン率を高めるためには，サイトのどこに課題があるのかを解析して，改善を図る必要がある．そのための指標として，以下が活用されている．

① 離脱率：サイト内でコンバージョンに至らず，離脱してしまう割合．また，解析の目的によっては，各々のページにおいて離脱する割合としても使用される．
② 直帰率：訪問した消費者が最初に訪れるページはLP（Landing Page；ランディングページ）とよばれる．直帰率は，LPだけを見て自社サイトから離脱してしまう割合であり，LPでの離脱率といえる．
③ 破棄率：消費者がショッピングカートに商品を入れたにもかかわらず，購入に至らない割合．

(1) アクセス解析

アクセス解析は，消費者がサイト外のどのページから訪問してきたか，サイト内でどのような行動を取ったかなどを分析するもので，サイトの課題を検出してコンバージョン率を改善するためだけでなく，サイト全体の効率化を図るためにも活用される．現在では，様々なツールが提供されており，支援サービスも行われている．アクセス解析では様々なデータを得ることができる．図6.8にコンバージョンに至る各ページにおいてサイト外のページに離脱した離脱率と，意図するページへ誘導できた率を調査した例を示す．このような情報に基づき，離脱率の高いページを調査し，消費者が迷っている経路を検出して適切に誘導するための改善を行い，離脱率の低下を図ることができる．

(2) LPO（Landing Page Optimization）

LPはサイト外の広告や検索結果をクリックした場合に最初に表示されるページであり，かならずしも自社サイトのトップページとは限らない．LPを訪れる消費者は自社の製品に興味を持っている確率が高い．ここで，LPを訪問したユーザがLPだけを見て立ち去っては意味がない．このため，LPを最適化して訪問者に興味を持たせ，スムーズに目的のページへ誘導して直帰率を改善するのがLPO（Landing Page Optimization；ランディングページ最適化）である．例えば，図6.9に示すように広告を見て訪問した消費者と，特定のキーワードによる検

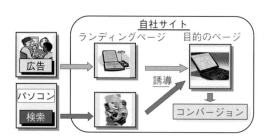

図 6.9　ユーザのプロファイルを考慮した LP の作成.

索結果で訪問した消費者では訪問の動機や目的が異なることが予想される．これに対し，リンク元のページ特性から訪問の目的を想定した LP を用意し，目的に応じて誘導を行うなどの方法がある．

(3) EFO (Entry Form Optimization)

EFO（Entry Form Optimization；入力フォーム最適化）は，破棄率の改善を図るための手法である．商品の購入には，ショッピングカートに商品を入れた後で，氏名，住所，決済情報などの個人情報を入力する必要があるが，入力フォームが煩雑な場合には破棄率が高くなる．特に，ネットショップでは，実店舗と異なり販売スタッフがいないため，疑問や不安要因があると離脱につながりやすい．この場合には，EFO として，入力のしやすさ，エラーが発生した場合の対処のしやすさや，アンケートなどの入力項目数の適正性などを点検して入力フォームを改善し，破棄率の低下を図る必要がある．

6.4.2　ワントゥワン・マーケティング

ワントゥワン・マーケティング (One to One Marketing) は消費者 1 人ひとりに個別に対応するマーケティング手法である．実店舗でも顧客の購入履歴などの情報をデータベース化し，顧客の 1 人ひとりとの関係を維持するデータベース・マーケティングが導入されている．しかし，規模が大きくなりスタッフが店頭で多数の消費者に対応する場合には，1 人ひとりに個別に対応することはむずかしい．一方で，ネットショップでは自動的に販売を行うため，消費者のデータベースを活用しながらワントゥワン・マーケティングを展開することが可能である．

(1) マイストア

会員登録などにより消費者を識別することで，個々の消費者ごとに異なる情報のページを表示することができる．例えば，アマゾンではマイストアが表示され，消費者個人ごとの注文履歴や発送情報を参照できる．また，個人の製品送付先や支払方法などの情報が登録されているため，商品を選ぶと「1-Click」機能により登録してある情報で簡単に購入することができる．

(2) リコメンデーション

リコメンデーションは，自社サイトを訪問した消費者に対して最適と想定される製品を勧める仕組みである．図 6.10 にリコメンデーションの例として協調フィルタリングを応用した事例

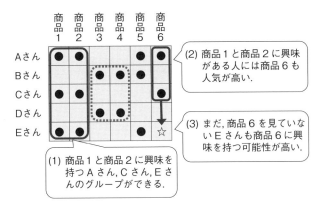

図 6.10 協調フィルタリングを応用したリコメンデーション．

を示す．多数の消費者の購買履歴をデータベースに蓄積していくと，消費者グループごとに類似したパターンが現れることがある．図 6.10 の例では商品 1，商品 2 を購入した消費者が商品 6 を購入するパターンが現れている．ここで，E さんのように，商品 1，商品 2 を購入しようとしている消費者に対しては，併せて商品 6 を勧めることが効果的と考えられる．リコメンデーションは売り手にとって売上の増加という効果があるが，消費者にとっても自分の嗜好に合った商品を見つけやすいという利点がある．

6.5　消費者による情報の共有

製品の購入後，消費者はインターネットの様々な手段を通じて評価や口コミ情報を広く発信することができる．例えば，口コミサイトやネットショップでは購入者の評価や口コミ情報が参考情報として消費者に提供されており，SNS やブログなどの CGM（第 5 章参照）でも製品情報の交換が行われる．さらに，ブログでの製品評価情報や製品紹介はアフィリエイト（6.2.2 節を参照）としても活用されている．

インターネットマーケティングにおける情報の流れを図 6.11 に示す．消費者は購買行動の AISAS モデルのうち，A（注目），I（関心），S（検索），A（購入）の各段階において企業側からの情報と共に，CGM による消費者側からの情報を参照し，行動している．そして，S（共有）で情報を発信し，これが次の消費者の購買行動に影響するという流れになっている．一方で CGM は企業においてもタイムリに消費者の声を把握できる情報源としてマーケティングに活用されるようになっており，情報分析による消費者行動の理解や，製品戦略への活用が行われている．例えば，@cosme では口コミ情報に基づき，消費者特性や商品特性を分析したデータが提供されている．このように，マーケティングとしては，広告，検索，ネットショップでのコンバージョン率の改善や CGM の活用など，個々の領域だけでなく全体として最適な活動としていくことが重要である．

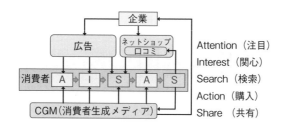

図 6.11 インターネットマーケティングにおける情報の流れ．

表 6.1 国内広告費の規模と構成比（文献 [21] に基づき作成）．

広告費 媒体	広告費（億円）				構成比（％）			
	2009年	2014年	2015年	2016年	2009年	2014年	2015年	2016年
総広告費	59,222	61,522	61,710	62,880	100.0%	100.0%	100.0%	100.0%
マスコミ四媒体広告費	28,991	29,393	28,699	28,596	49.0%	47.8%	46.5%	45.5%
新聞	6,739	6,057	5,679	5,431	11.4%	9.8%	9.2%	8.6%
雑誌	3,034	2,500	2,443	2,223	5.1%	4.1%	4.0%	3.5%
ラジオ	1,370	1,272	1,254	1,285	2.3%	2.1%	2.0%	2.0%
テレビ	17,848	19,564	19,323	19,657	30.1%	31.8%	31.3%	31.3%
インターネット広告費	7,069	10,519	11,594	13,100	11.9%	17.1%	18.8%	20.8%
その他	23,162	21,640	21,417	21,184	39.1%	35.2%	34.7%	33.7%

6.6 インターネットマーケティングの動向

インターネットビジネスの進展によって，マーケティングの活動そのものも急速に変化してきている．消費者の購買行動の変化については図 6.2 の AISAS モデルで説明した．また，広告媒体の広告費用の割合も変化してきている．表 6.1 に国内のマスコミ 4 媒体とインターネット広告費の規模と構成比を示す．インターネット広告費は 2009 年に 7 千億円を超え，新聞を抜いてテレビに次ぐ規模になった．その後も，他の媒体を上回る増加を続けており，2016 年には構成比が 20%を超えている．

この結果，複数のメディアを活用した従来のメディアミックスの手法から，従来メディアとインターネットを連携させたクロスメディア・マーケティング (Cross Media Marketing) が提唱されている．例えば，マス広告におけるサイト URL の掲載や，広告に掲載した QR コードを携帯電話などのモバイル端末で読み取り直接サイトへ誘導するなどの手法が活用されている．また，モバイル端末はいつでもどこでも利用できるため，書籍の購入など思い立って直ちに購入するものや，旅行の宿泊予約，チケット購入など移動中の購入などでよく利用されるようになっている．インターネットビジネスの進展により，第 5 章に述べた様々な CGM やデジタルコンテンツの市場が拡大しており，今後は，各々のメディアやコンテンツの特性に生かしたクロスメディア・マーケティングが進展していくと予想される．

演習問題

設問1 身近な製品の購買行動を事例として，AISAS モデルの各段階におけるインターネット活用の事例を述べよ．

設問2 アフィリエイト広告は，広告主が制作した広告を掲載する場合に比較してどのような利点があると考えられるか．広告主と広告掲載サイト運営者の双方について述べよ．

設問3 製品や購入先を選択するために情報を検索するには，いくつかの方法がある．3つの検索方法を挙げて，身近な製品を購入する場合の事例について各々の利点を述べよ．なお，各々の検索方法において，事例とする製品は異なったものでもよい．

設問4 リコメンデーションは，どのような製品に対して有効だと考えられるか．製品の事例と，有効と考える理由を述べよ．

設問5 インターネットとインターネット以外の手段によるプロモーションの両方を併用している事例を挙げ，プロモーションの概要と，両方を併用する理由について述べよ．

参考文献

[1] 石井淳蔵，栗木契，嶋口充輝，余田拓郎：ゼミナール　マーケティング入門，日本経済新聞出版社 (2004)．

[2] 恩田直人：経営学入門シリーズ　マーケティング，日経文庫，日本経済新聞出版社 (2004)．

[3] 原田保，三浦俊彦：e マーケティングの戦略原理，有斐閣 (2002)．

[4] アイスタイル：@cosme．http://www.cosme.net/

[5] カカクコム：価格.com．http://kakaku.com/

[6] 櫻沢信行，林なほ子：よくわかる Web&モバイルマーケティングの教科書，毎日コミュニケーションズ (2010)．

[7] 山口正浩，前川浩基：インターネット・マーケティング，同文館出版 (2009)．

[8] ヤフー：スポンサードサーチ．http://listing.yahoo.co.jp/service/srch/index.html

[9] ヤフー：Yahoo! JAPAN．http://www.yahoo.co.jp/

[10] 鳴海淳義：ヤフー，行動ターゲティング広告に地域・属性を掛け合わせ，CNET Japan (2007)．http://japan.cnet.com/news/media/story/0,2000056023,20351582,00.htm

[11] 総務省：行動ターゲティング広告の経済効果と利用者保護に関する調査研究 報告 (2010)．http://www.soumu.go.jp/iicp/chousakenkyu/data/research/survey/telecom/2009/2009-I-16.pdf

[12] 林和彦：最新ネット広告のしくみ，日本実業出版社 (2007)．

[13] 幡鎌博：eビジネスの教科書，創生社 (2008).

[14] 中村忠之：eビジネス教室，中央経済社 (2008).

[15] セプテーニ：【自主リサーチ調査結果】第7回「検索エンジンのニーズと利用」に関する調査（中）～半数のユーザーが検索して、数日経ってから購入を決める～，Webマーケティングガイド (2008).

[16] 相原修：ベーシック マーケティング入門，日経文庫，日本経済新聞社 (2007).

[17] ヤフー：Yahoo! ショッピング．http://shopping.yahoo.co.jp/

[18] ルディー和子：データベース・マーケティング，日経文庫，日本経済新聞社 (2000).

[19] 菅坂玉美，他：インターネットの知的情報技術 eビジネスの理論と応用，東京電機大学出版局 (2003).

[20] 日経ビジネス ONLINE：オンライン上の書き込みを調査する会社の買収が相次ぐ，日経BP社 (2011). http://business.nikkeibp.co.jp/article/world/20101029/216866/

[21] 電通：2016 年 日本の広告費 (2017).
http://www.dentsu.co.jp/news/release/2017/0223-009179.html

第7章

検索エンジン

□ 学習のポイント

　インターネットを通じて様々な情報にアクセスできるようになっており，これらの情報を通じて第3章の電子商取引や第5章のデジタルコンテンツの閲覧などの様々なインターネットビジネスが行われている．反面，情報爆発とよばれるようにインターネット上の情報量は急速に増大しており，大量の情報の中から必要な情報を探し出すことは，むしろむずかしくなっているといえる．本章は次の事項を理解することを目的とする．

- インターネット上における情報爆発について理解する．
- 代表的な検索エンジンの仕組みについて理解する．
- 検索結果の表示順序の重要性と，順序を決定する仕組みを，事例を通じて理解する．
- 検索エンジンの課題と，それを補完するための手法を理解する．

□ キーワード

　ディレクトリ型検索エンジン，ロボット型検索エンジン，PageRank テクノロジー，SEO，フォークソノミー，ソーシャルブックマーク，人力検索

7.1 情報爆発と検索サービス

　インターネット上の情報量は急速に増大しており情報爆発とよばれるようになっている．図7.1に示すように，2010 年に 998 EB (Exabyte; 10^{18} byte) だった Web サイトのデータの総量は，2020 年に 44 ZB (Zettabyte; 10^{21} byte)，すなわち 10 年で約 40 倍に膨れ上がると予測されている．この背景としては，第5章のインターネット上のデジタルコンテンツの流通拡大や CGM の普及に見られるように，企業から消費者まで，誰もが容易に多様な情報を発信できる環境が整ってきていることが上げられる．さらに，近年では，これに加えて，監視カメラや各種センサも自動的に情報を発信するようになっている．一方で，インターネットの世界では個々のサイトで自由にコンテンツを発信したり，ブログのようにその時々のニュースや意見を記録し発信したりしているため，全体として見れば情報は体系化されたものではなく，相互の関連付けもごく一部に限られているという状況が発生している．すなわち，断片的な大量の情

第7章 検索エンジン

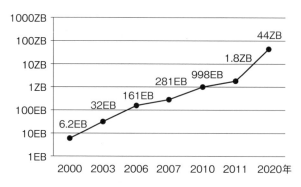

図 7.1 Web サイトのデータ量の推移（文献 [1] より作成）.

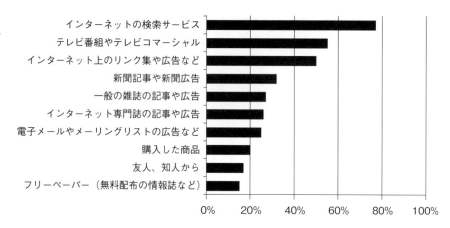

図 7.2 Web サイトの認知経路の調査結果（文献 [3] より作成）.

報が，日々追加，更新されているというのがインターネットの情報爆発の状況といえる．

　膨大なインターネットの情報の中から目的の Web ページを探すために，図 7.2 に示すように，様々な手段や情報が利用されている．例えば，様々な媒体の広告などで表示されているページの URL を直接利用したり，パソコンや化粧品などを購入する場合には第 6 章に示したクチコミサイトのリンク集から目的のページを効率的に探索したりできる．しかし，このような手掛かりがなかったり，あいまいな条件で該当ページを探したりする場合には検索サービスを利用することが多く，図 7.2 における調査では検索サービスが認知経路の最上位となっている．

　検索サービスの事例として，Google ディレクトリにおける事例を図 7.3 に示す．現在，代表的な検索サービスとしては，カテゴリ別に分類された情報を探索するものと，キーワードを入力して検索を行うものの 2 種類がある．前者は「カテゴリ別 Google!」のカテゴリから目的のページを探索していくものであり，後者は図の「Google 検索」ボタンの左にある入力欄にキーワードを入力して検索を行うものである．なお，Google ディレクトリは 7.2 節に示す理由により，現在ではサービスが終了している．

　このような検索サービスの基盤が検索エンジンであり，インターネットビジネスにおいては，ユーザが必要とするインターネット上のサイトやページなどを検索する機能と定義される．な

図 **7.3** 検索サービスの事例（Google ディレクトリ [4]）．

お，広義の検索エンジンとしては，文書群の全文検索なども含まれるが，本書では上記の定義を指すものとする．以下で，ディレクトリ型とロボット型の各々の検索エンジンの仕組みを説明し，最後にこれを補完するサービスを紹介する．

7.2 ディレクトリ型検索エンジン

　ディレクトリ型検索エンジンは，サイトをエディタ（あるいは，サーファ）とよばれる専門家の手により，図 7.4 に示すような大分類→中分類→小分類のように一定のルールでカテゴリ階層に分類・整理し，メニューから始まる木構造のディレクトリに登録するものである．ユーザが検索する際には，一定のルールに基づくディレクトリ構造に沿って目的のページを検索していくことができ，類似の情報が同じカテゴリに集まるため検索しやすくなる．また，エディタがページを見て分類するため，検索結果として質の高い情報が得られる．反面，インターネットの急速な情報の増加に伴い新たなサイトの登録までに時間を要したり，サイト単位で登録されるため，サイト内の下位のページに異なる情報があってもサイトのカテゴリに分類されてしまったりする場合がある．

　ディレクトリ型検索エンジンは，1994 年に開始された Yahoo! のディレクトリなど，初期の検索サービスで主流だったが，インターネット上のページが爆発的に増大するにつれて，特定のエディタだけでは包括的なディレクトリ登録を維持することが困難になってきた．これに対して，Open Directory プロジェクト (ODP) ではサイトの増大と共にそのユーザも増加するという考え方に基づき，ボランティアのエディタによってディレクトリを整理する活動を継続してきた．このディレクトリによる検索サービスは ODP のホームページから使用できるほか，

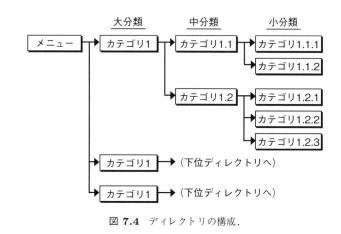

図 7.4 ディレクトリの構成.

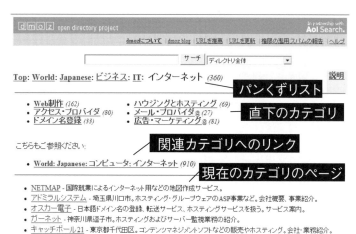

図 7.5 ディレクトリ型検索エンジンの検索事例（ODP のホームページ [5] より作成）.

ディレクトリの情報が無償で公開され，商用サイトでも使用されてきた．しかし，Web サイトの急激な増加に伴いロボット型検索エンジンが主流になったため，2017 年 3 月に ODP が活動を中止し，現在では更新が停止された Web ページのみが公開されている．

　図 7.5 に，活動当時の ODP のホームページにおける，ディレクトリ型エンジンの検索事例を示す．「パンくずリスト」は現在，ディレクトリのどこにいるかを示すものであり，現在のカテゴリの「インターネット」および上位のカテゴリが示されている．その下には直下のすべてのカテゴリが，最下段の領域には現在のカテゴリに含まれるサイトが示されており，階層的に分類されたカテゴリをたどりながら検索していける構成になっている．ここで，カテゴリを図 7.4 に示すような木構造の階層に分類する場合には，1 つのカテゴリが複数の上位のカテゴリに属したり，1 つのサイトが複数のカテゴリに属したりする場合がある．図 7.5 の例では，「インターネット」のカテゴリは「コンピュータ」のカテゴリにも，「ビジネス」の中の「IT」のカテゴリにも含まれる．このため，「こちらもご参照ください：」の欄にリンクがあり，関連するカテゴリに容易に移動できる仕組みになっている．また，ディレクトリと並んで検索機能が付加

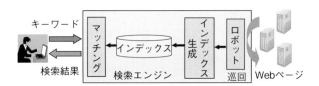

図 7.6　ロボット型検索エンジンの仕組み．

されており，ディレクトリ全体，あるいは選択されたカテゴリ内で，該当する下位のカテゴリやサイトの検索が可能になっている．

7.3　ロボット型検索エンジン

7.3.1　ロボット型検索エンジンの仕組み

　ディレクトリ型検索エンジンが検索対象とする情報を人間が登録するのに対して，ロボット型検索エンジンではシステムが自動的に登録する．ロボット型検索エンジンの仕組みを図 7.6 に示す．ロボット（あるいは，スパイダー，クローラともよばれる）がインターネット上を巡回して自動的にページ情報を収集し，あらかじめインデックスを生成しておく．

　まず，ロボットはページの探索を行う．具体的には，検出したページを登録して定期的に巡回すると共に，このページから他のページへのリンクを検出した場合にはリンク先のページに移動してページの登録を行う．こうして，巡回するページの情報を更新していく．巡回するページの数が膨大であるためロボットの訪問は，例えば頻繁に更新されるサイトは頻繁に訪れるなど，効率的に巡回できるようになっている．一方で，新たに構築されたサイトのページは他のページからのリンクがないため，ロボットの巡回対象にならないことがある．このため，検索エンジンに対してロボットの巡回対象サイトとしての登録を依頼する機能も提供されている．

　こうして登録されたページは，テキストだけでなく画像や動画など様々な形式のコンテンツで制作されている．ロボットは，これらのコンテンツの中からテキスト情報を抽出したり，HTMLのタグ情報を参照したりしてキーワード，タイトル，ページの概要，URL などの情報を抽出し，インデックスを生成する．ユーザがキーワードを入力して検索を行うと，インデックスとのマッチングを行い，検索結果としてインデックスに登録されている該当ページの情報を表示する．

　このように，ロボット型検索エンジンでは自動的にサイトの情報が収集されるため，インターネットの情報量の増大に追随した包括的な検索が可能になる．また，ディレクトリ型検索エンジンがサイト単位の検索であるのに対して，キーワードのマッチングによりサイト内の下位のページを直接，検索することができる．

　代表的なロボット型検索エンジンとして Google の検索エンジンがあり，Google のサイトでの検索サービスのほかに，他のサイトでも使用されている．Google における検索結果の事例を図 7.7 に示す．キーワードに該当したページのタイトル，概要，URL が一覧で表示され，ユー

図 7.7 ロボット型検索エンジンによる検索サービス（Google のホームページ [6] より）．

ザはこれらの情報を参考にして，目的のページを探すことができる．また，キーワードと併せて「画像」や「ニュース」などのカテゴリを選択したり，検索オプションを指定して詳細な条件を指定したりできるようになっている．

7.3.2 検索結果の表示に関する課題

　現在ではページの数が急速に増大しており，入力したキーワードには大量のページが該当するようになってきている．例えば，図 7.7 の例では「検索エンジン」のキーワードに対して 1,400 万ページ以上が該当している．しかし，ここで該当するすべてのページが必ずしもユーザの検索対象のページとは限らない．例えば，「検索エンジン」のキーワードが入力されたとしても，検索エンジンの一連の記事を解説した百科事典のページもあれば，たまたま検索エンジンという言葉の記述されている断片的な情報のページもある．

　この関係を示したものが，図 7.8 に示す適合率と再現率の関係である．図で，N は検索されたページ数を，C は検索対象のページ数を示す．したがって，双方に含まれる T が表示されたページのうち検索対象のページの数になる．ここで，適合率 (T/N) は検索結果の中にどれだけ検索対象のページを含むかの割合であり，再現率 (T/C) は検索対象のページのうちどれだけのページを検索できたかという割合になる．したがって，適合率，再現率が共に 100% に近いことが理想であるが，現在のように膨大なページがインターネット上に開設されている状況では，「検索エンジン」で網羅的に調査しようとすると図の矢印のように N が増大する．すなわち，再現率は向上するものの，適合率は低下して検索対象外のページもまた大量に表示されることになってしまうことになる．

　このような状況において，ユーザが検索対象のページを見つけるため，検索結果を何画面まで調べるかを調査した結果を図 7.9 に示す．ユーザの約 8 割が閲覧するのは表示された検索結果のうちの 3 画面（ページ）目までと回答しており，この範囲で検索対象のページが見つから

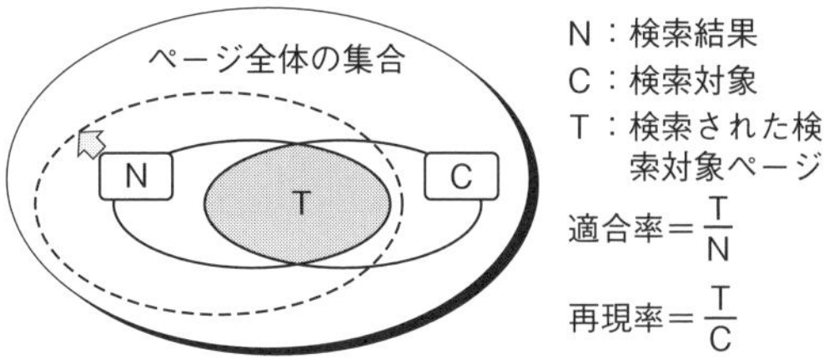

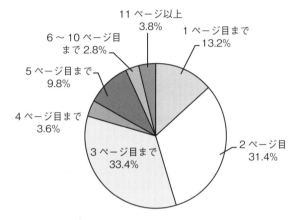

図 7.8 再現率と適合率の関係.

図 7.9 ユーザが閲覧する検索結果の画面数(文献 [8] より).

ない場合には別の検索条件を与えて再度検索を実行することになる.すなわち,単に検索条件に該当するページが表示されるだけではなく,ユーザの検索対象ページがより上位に表示されることが重要になる.したがって,ロボット型検索エンジンの初期の頃から検索結果の表示順序が重要視されており,このためのアルゴリズムが組み込まれてきた.

ところが,第 3 章の図 3.5 に示すように,企業にとって検索結果はユーザを自社サイトに誘導する重要な手段であり,現在でも約 6 割のユーザが広告ではなく検索結果から企業のサイトを見つけている.このため,ユーザの意向にかかわらず,自社のページを検索結果のより上位に表示するための様々な手法を組み込んだページが制作されることになった.例えば,初期には検索キーワードが含まれる数や,他のサイトからの被リンク数が多いほど上位に表示するアルゴリズムが開発されたため,ページの中にキーワードを多数埋め込んだり,リンクのみ記載した意味のないサイトを使って被リンク数を増加させたりするテクニック,いわゆる SEO スパムを使ったページが制作された.このため,ロボット型検索エンジンではユーザが目的とするページが上位には表示されないという事態が発生し,一時期は「Sony」のキーワードによる検索結果の上位 100 件がすべて成人向けのサイトやゴミのようなページだったことがあるといわれている.こうして,初期の検索エンジンではディレクトリ型が主流になっていった.

このような状況の中で,1998 年に Google の検索エンジンが登場する.Google は,まず,急激に膨張するページ数に対応するために安価な多数のコンピュータによる分散処理でロボット

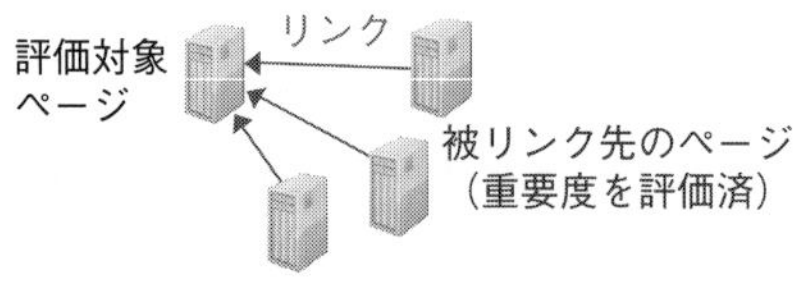

86 ◆ 第 7 章 検索エンジン

図 **7.10** PageRank テクノロジーの仕組み．

図 **7.11** PageRank の表示（静岡理工科大学のホームページ [14] より作成）．

を送り出す方式を採用し，巡回の漏れを防ぐ方法を取った．そして，キーワードとの関連性と併せてページの重要度を評価して表示順を決定する PageRank テクノロジーを開発した．以降，ロボット型検索エンジンの改良が続き，現在ではロボット型検索エンジンが主流になっている．

7.3.3 PageRank テクノロジー

　PageRank テクノロジーでは各々のページの重要度を評価し，このページの重要度が PageRank とよばれる．重要度の高いページを上位に表示することで SEO スパムなどのページを避け，ユーザが意図した検索結果が得られることを狙っている．基本的な考え方は，多くの重要度の高いページから参照されるページは重要度が高いというものであり，評価対象ページに対する他のページからのリンクを投票とみなす．ここで，図 7.10 に示すように評価は被リンク先のページ数と各々のページの重要度によって行われる．したがって，重要度の低いページのみから多数のリンクを受けても重要度は増加せず，重要度の高いページからリンクを受けることで重要度が増すことになる．この方式により，意味のないページを制作してリンクを行うような SEO スパムを避け，ユーザにとって重要なページが上位に表示されることになる．

　PageRank は 0〜10 の 11 段階になっており，以前は，図 7.11 のように PageRank や被リンク先のページを確認することができたが，現在は非公開になっている．Google は PageRank テクノロジーの概要や，サイトを構築する際のガイドラインなどを公開しているが，アルゴリズムの詳細は明らかにしておらず，SEO スパムへの対策としてアルゴリズムは随時改良されているためページの表示順位が変更されることもある．また，SEO スパムを使用していると見なされたページについては，インデックスから削除される処置が取られる場合もある．

| | 全検索数 | 9,038,794 | | |
| | 全クリック数 | 4,926,623 | | |

順位	クリック数	クリック率	クリックシェア	1位との差（倍）
1	2,075,765	22.97%	42.13%	
2	586,100	6.48%	11.90%	3.5
3	418,643	4.63%	8.50%	5.0
4	298,532	3.30%	6.06%	7.0
5	242,169	2.68%	4.92%	8.6
6	199,541	2.21%	4.05%	10.4
7	168,080	1.86%	3.41%	12.3
8	148,489	1.64%	3.01%	14.0
9	140,356	1.55%	2.85%	14.8
10	147,551	1.63%	2.99%	14.1

図 **7.12** 自然検索での検索順位とクリック数の関係（文献 [15] より）.

7.4 SEO

　SEO（Search Engine Optimization；検索エンジン最適化）は，特定のキーワードで検索された場合に自社のページが上位に表示されるように，自社サイトを最適化すること，あるいはその技術である．第6章に示したように，インターネットマーケティングの手法の1つに SEM があり，企業は検索サービスを行うサイトから自社サイトへユーザを誘導し，コンバージョンに結びつけようとする．この時，7.3節に示したように上位に表示されなければユーザの調査対象とならないが，先頭画面内でも閲覧される確率は表示順序によって大きく異なることが知られている．例えば，AOL の調査では図7.12に示すように表示順位1位のページのクリック率が最も高く，6位のページと比較して約10倍の差になっている．そこで，各社は自社のページが上位に表示されるように最適化を行うことになり，現在では SEO をサービスとして提供する企業も数多く存在するようになっている．

　SEO の実施にあたっては，対策の目的を明確にしておくことが必要である．ユーザは検索サービスを活用して様々な検索を行う．したがって，まず，自社のサイトを訪問する可能性の高い検索において，自社のページが上位に表示されることが重要になる．すなわち，自社製品に興味のあるユーザがどのような検索を行うかを想定して対策しなければならない．例えば，検索エンジンに関する製品やサービスを提供する企業が SEO を行う場合には，「検索エンジン」というキーワードを対象にしても該当するページは膨大であり，その中で上位に表示されるのはむずかしい．したがって，例えば，自社のサービスの特徴となるキーワードで上位に表示されやすいものを選択するなど，目的を達成するために最適な方法を取ることになる．その上で，SEO 対策を行うページを決定して制作していくことになるが，例えば，タイトルや見出しにキーワードを入れたり，キーワードを意識した本文を制作したりするなど，様々な手法が示されており，成果を確認しながら継続的に対策していくことが必要になる．

　このような基本的な対策を行った上で，ページ自体のコンテンツを充実し，他のサイトからの被リンクを増やしていくことが重要と考えられる．例えば，Google では，SEO スパムとなるような対策に対して警告を発すると共に，「魅力的なサイトは自然に認知が広がる」として読

みやすい文章やユーザを意識したコンテンツなど，ユーザにとって価値のあるサイトにすることを推奨している．

7.5 検索エンジンの補完手法

検索エンジンは，特定の体系による分類，あるいは特定の専門家によって構築された情報検索手段によるものであり，トップダウンの検索手法といえる．したがって，これらの手法に適合しないような情報には，なかなかたどり着けない場合がある．これを補完するため，集合知によってボトムアップで情報を整理あるいは検索する手法が活用されている．

7.5.1 フォークソノミー

ディレクトリ型検索エンジンが一定の体系に沿って分類するのに対し，ユーザが任意の視点で情報を分類し共有するサービスとして，ソーシャルブックマークが提供されている．ユーザはブックマークするページの URL と，タグとよばれるページを分類するための任意の語句をサービスを提供しているサイトに登録し，共有する．すなわち，1 つのページに対して複数のユーザがそれぞれで任意のタグを付加し整理していくことになる．このように，ユーザ自身がページにタグを付加して分類していく方法は，フォークソノミー (Folksonomy) とよばれる．これはタクソノミー（Taxonomy：分類法）とフォーク（Folk：民衆）を組み合わせた造語であり，ユーザがボトムアップで情報を整理するものである．

ディレクトリ型検索エンジンがタクソノミーのアプローチにより分類するのに比較し，フォークソノミーでは任意のタグが付加されるため表記がばらつき，図 7.4 のような階層化された構造が取りにくいという問題がある．一方で，タグを利用して関連するページを検索したり，ブックマークの数を集計することで注目されているページを把握したりすることができ，このような視点からページを検索する場合には有効な手法になる．例えば，図 7.13 に Yahoo! ブックマークでタグに「検索エンジン」を指定し，検索結果を人気順に表示した事例を示す．登録されたブックマークの数とタグが表示されており，表示されているほかのタグをクリックすることで，関連した情報の検索を行うことも可能である．ソーシャルブックマークでは，タグを付加するという行為をユーザ自身が行う必要があるが，例えば，会社と自宅のように異なるパソコンでブックマークを共有したり，タグによってページを分類できるため，分類を行うユーザにとっても利点のある仕組みとなっている．なお，Yahoo! ブックマークは 2016 年 2 月でサービスを終了したが，他のソーシャルブックマークとしては，はてなブックマークなどがある．

なお，タグはソーシャルブックマークだけでなく，動画投稿サイトのようにキーワード検索の対象となりにくいサイトでも積極的に活用されている．ロボット型検索エンジンは動画データの周辺のテキストデータから抽出されたキーワードで検索を行うのに対して，タグを付加して分類した場合には，動画そのものを直接分類して検索を支援することが可能になる．

図 7.13　ソーシャルブックマークの事例（Yahoo!ブックマークより）．

7.5.2　人力検索

　検索エンジンによるキーワード検索は，あいまいな情報に基づく検索は行いにくい．例えば，「最近，インターネットで話題になった技術を教えてほしい」のような検索はキーワードで検索するよりも，回答を持っている人に聞く方が早い場合が多い．しかし，聞くという行動は近くに回答を持っている人がいなければ成り立たない．インターネットにより，広く質問できるという特性を生かして検索するのが人力検索とよばれるサービスである．

　人力検索では，質問者が人力検索サイトに質問を投稿する．これに回答できる人が，関連するページのリンクを示しながら回答する．したがって，人力検索は回答者の有無に大きく依存することになる．このため，商用サイトでは有料のポイントをやり取りしたり，回答を評価して回答者の得点の総計を表示したりして回答を促進する仕組みを導入している．図 7.14 に「人力検索はてな」で過去の質問を検索した事例を示す．過去の質問を検索することで同様の質問や回答を参考にすることができる．なお，自ら質問した場合には，有料のポイントを回答者に支払う必要がある．

　ここで，ノウハウのような暗黙知は各個人の中に蓄積されているにもかかわらず，形式知として他の人々に伝達できるようなデジタル情報にはなっていないことが多い．このような暗黙知に関して，質問形式で「○○ができなくて困っています」という風に聞かれると形式知として出しやすくなり，また，回答を通じて自分が暗黙知を持っていることに気づくことになる．このように，人力検索は回答を通じて暗黙知を形式知化させるツールとして優れていることが指摘されている．

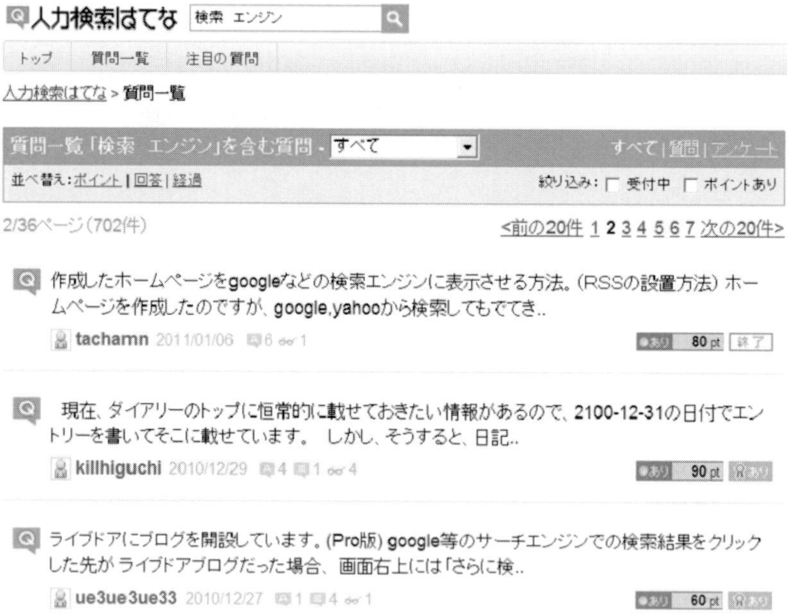

90 ◆ 第7章 検索エンジン

図 **7.14** 人力検索の事例（人力検索はてな [11] より）.

演習問題

設問1 インターネットで情報を検索するためによく利用しているサイト，あるいは手段を3つ上げ，検索の事例と，どのような場合にそのサイトや手段を利用すると有効と考えられるかを述べよ．

設問2 この章で紹介したロボット型検索エンジンが企業によって提供されているのに対して，ディレクトリ型検索エンジンはボランティアの協力によって提供されている．この理由を述べよ．

設問3 PageRankテクノロジーの詳細なアルゴリズムが公開されていないことについて，考えられる理由を述べよ．

設問4 フォークソノミーのタグを，制作者自身が利用してロボット型検索エンジンからの検索対象になるようにしている事例を上げ，タグをどのように利用しているか述べよ．

設問5 人力検索は個々の質問に回答するものであるが，この質問と回答自体も有効なコンテンツとなり得る．その理由を述べよ．

参考文献

[1] 総務省：平成 27 年版 情報通信白書 (2015).
http://www.soumu.go.jp/johotsusintokei/whitepaper/h27.html

[2] 吉川日出行：情報検索行動からのファインダビリティ向上，情報の科学と技術，Vol.58，
No.12．pp. 582-587 (2008).

[3] Yahoo! JAPAN：第 26 回 インターネット利用者アンケート ── ウェブサイトの認知経
路 (2010)．http://docs.yahoo.co.jp/info/research/wua/201012/page14.html

[4] はてな：はてなブックマーク．http://b.hatena.ne.jp/

[5] Open Directory プロジェクト：open directory project．http://www.dmoz.org/

[6] Google：Google 日本．http://www.google.co.jp/

[7] 吉川日出行（編著）：サーチアーキテクチャ「さがす」の情報科学，ソフトバンク　クリエ
イティブ (2007).

[8] セプテーニ：【自主リサーチ調査結果】第 7 回「検索エンジンのニーズと利用」に関する
調査（下）～4 ページ以降の検索ページは見られていない?!～，Web マーケティングガイ
ド (2008).

[9] ジェフ・ルート，佐々木俊尚：検索エンジン戦争，アスペクト (2005).

[10] 藤沢竜志：即実践 SEO 対策　企業ホームページ担当者のための実務手順書，技術評論社
(2009).

[11] はてな：人力検索はてな．http://q.hatena.ne.jp/

[12] Google：Google ツールバー．http://www.google.com/intl/ja/toolbar/ie/index.html

[13] Google：SEO が必要なケース．
http://www.google.com/support/webmasters/bin/answer.py?hl=jp&answer=35291

[14] 静岡理工科大学：静岡理工科大学ホームページ．http://www.sist.ac.jp/

[15] SEM リサーチ：[調査] SEO ── 検索順位とクリック数の関係 ── 米 AOL の検索行動デー
タより．http://www.sem-r.com/08h1/20080626172700.html

第8章

データマイニング

□ 学習のポイント

インターネットビジネスでは，大量のデータを蓄積して分析を行い，マーケティングに応用している．この章ではデータマイニングとは何か，その一種としてリコメンデーション手法を理解し，その応用について学ぶ．本章は，次の事項を理解することを目的とする．

- データマイニングとは何かを理解する．
- マーケティングへの応用とリコメンデーションを理解する．
- リコメンデーションの方式の種類と特徴を理解する．

□ キーワード

データマイニング，マーケティング，リコメンデーション，協調フィルタリング，CRM，Web マイニング

8.1 データマイニングとは

8.1.1 概要

データマイニングとは，もともとの語源は，鉱山（データ）から希少価値の高い金を発掘（マイニング）することであり，蓄積された大量データから有益なルールや傾向，規則性，パターンなどを分析，抽出する技術のことである．具体的には，膨大なデータを各種の手法を使って分析し，それらの中から価植ある情報を発見するための手法をいう．データマイニングは，統計学，パターン認識，人工知能等のデータ解析の技法として大量データへ網羅的に適用することで知識も取り出す技術であり，通常のデータの扱い方からは想像がつきにくい，意外性を伴った発見的 (heuristic) な知識発見も可能である．DM (Data-Mining) と略してよぶこともある．Knowledge-Discovery in Databases（データベースからの知識発見）の頭文字を取って KDD ともよぶこともある．

さらに，データマイニングは意思決定にとって利用価値が高い知識を多くのデータから抽出する技術であるため，一般的なデータ分析からでは想定されていない発見的な知識や今まで知

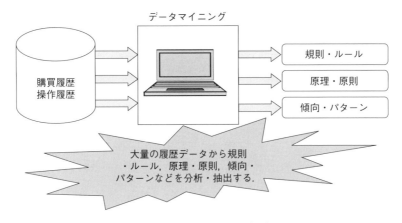

図 8.1 データマイニングの概要図.

られていない情報の中に利用価値がある可能性があり，未知の情報をデータから抽出することや大量のデータから有用な情報を抽出できることがある．データマイニングの発展には，コンピュータによって大量のデータ蓄積と高度な分析処理が可能となったことが，大きく寄与している．Webの利用拡大に伴い，データ量は爆発的に増大し，大量のデータが蓄積されている．これらの大量データを処理するための手法としてデータマイニングの活用が多大に期待され，統計解析手法や，マーケティング手法，情報検索技術および，人工知能分野などの多くの分野で応用されている．

　蓄積された大量のデータから傾向，パターンや規則性を抽出するマーケティングへの応用例として大型小売店やスーパーなどで顧客の購買履歴データからデータマイニング技術を使って，「お薦め商品」の表示などに活用されていることがある．例えば，商品の売上について，蓄積された大量の実績データを分析して，ある特定商品を購入する客は同時に他の特定商品も併せて購入する傾向があるというパターンを見つけ出せる．お店にとって，どのような商品の種類を品揃えすればよいか，どのような顧客が購入しそうかを推定して，できるだけ在庫を増やさずに売上を拡大することができる．また，B to Cのネットショップでは，顧客が購入した商品の種類から類似の購入パターンの他の顧客を見つけ出して，これから購入したいと思う好みの商品の種類を推定できる．ネットショップでは，データマイニングがよく使われており，アマゾンで商品の購入や商品を検索チェック時に「この商品を購入した人は，次のような商品も購入しています」や，「この商品をチェックした人は，このような商品もチェックしています」のメッセージによって，推奨する商品を表示している．これらの商品の推奨にデータマイニングの技術が使われている．サービスや情報を効率的，効果的に顧客に推奨するための技術として活用されるのがデータマイニングである．また，データマイニングによって得られた傾向，パターンや規則性などの発見的な知識を蓄積して，それらの知識をベースにして新しい商品の企画や開発が行える．このようにデータマイニング技術は，様々な分野で活用され，その利用ニーズが高まっている．

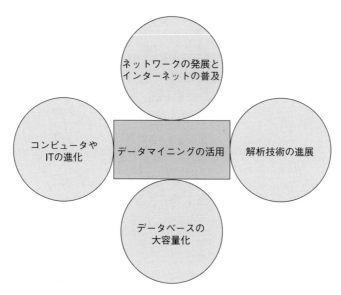

図 8.2 データマイニングの活用の技術要因．

8.1.2 データマイニングの活用の背景

(1) 市場環境のニーズ

現代のビジネス環境の変化が激しく，多くの商品のマーケットが飽和状態で商品の類似化とライフサイクルの短縮化の時代となった．ユーザニーズが多様化し，飽和したビジネス環境ではメーカ主導のプロダクトアウトでのマーケティング手法では通用しなくなった．商品企画において顧客 1 人ひとりのニーズに応え，顧客と良好な関係を創ることが求められる．また，今まで蓄積されたノウハウを体系化し，知識を共有して活用するナレッジマネジメントの必要性も出てきた．顧客の行動データを分析し，お得意様に対するサービス，新規顧客の開拓，他社との差別化をはかるマーケット戦略，ニーズの分析，新製品の企画，競合他社のシェアの予測，在庫管理やリスク管理の把握，蓄積データからの法則性を見つけていくなど，あらゆる場面でデータを有効に活用することが新しい時代で生き残るために重要な手段となった．

(2) データマイニング発展の技術的要因

データマイニング発展の要因は安価で大容量の記憶装置が開発されると共にインターネットの普及や専用回線などの高速で安価なネットワーク環境が発展し，大量データの収集と蓄積が容易になったことである．データを集め価値ある情報を得られる例として，コンビニ全店舗の売上や在庫データをリアルタイムに一元管理し，株価などの市況データなどをネットワーク経由で活用できるようになったことがある．さらにコンピュータや IT の進化によって，高性能で高速処理，大容量メモリが安価に得られるようになり，解析技術の進展も加わり，大量データを使い高度な解析が行え，価値がある情報を発掘できるようになった（図 8.2）．

(3) データマイニングの処理プロセス

データマイニングのプロセスは図 8.3 のようにデータ収集と蓄積し，必要なデータを前処理

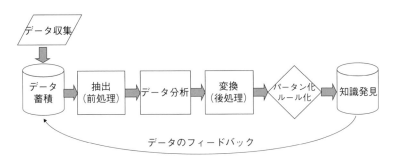

図 8.3 データマイニングのプロセス.

で抽出する．データ解析手法やツールを使って分析する．得られた分析結果を変換しビジュアル化する．パターンとルール化を発見した知識を試し，評価した結果を元のデータにフィードバックし，次のデータマイニングに活用する．データマイニングは大量データの中から価値ある情報を掘り出すことが狙いであり，新しい知識発見手法である．

(4) データマイニングの手法

代表的なデータマイニングの分析手法として表 8.1 の手法が挙げられる．これらの多くの手法は Excel による統計処理やグラフ表示および，市販の専用ソフトによって適用できる．

(5) 適用分野

適用分野ごとのデータマイニング応用例として表 8.2 に挙げる．インターネットビジネスマーケティングを始め，多くの適用分野での解析，予測や意思決定などに応用されている．

8.2 データマイニングよるマーケティング

8.2.1 マーケティングにおけるデータの活用

顧客と売り手との関係管理である CRM (Customer Relationship Management) は，商品やサービスを提供する売り手が顧客との間に長期的，継続的で親密な関係を構築し，その価値と効果を最大化することで，顧客の利便性と売り手の利益を向上させることを目的とした経営管理手法であり，多くの流通小売業で活用されている．この CRM が話題となった 1990 年代後半には，顧客の好みやニーズを正確に把握し，それらに応じた適確な商品やサービスの提供を行うことによって，顧客満足度を高め，顧客ロイヤリティを最大化し，顧客の維持拡大を進めてきており，顧客への個別対応の重要性が強調されてきた．

また，ネットショップでは顧客の購買履歴などの大量データを記録している．マーケティングのためには，履歴データ（ログ）を解析し，活用することが重要である．顧客との親密な関係を維持強化し，ネットショップ運営者にとっての優良顧客として囲い込んでいく．現在のマーケットが競争激化している中で顧客との関係を密接にして，長期的な取引の中でお得意様 1 人ひとりの「顧客生涯価値」を最大化するのが目的である．

ネットショップの顧客の行動（操作）履歴には，購買履歴のほかに検索履歴やクリック履歴，

96 ◆ 第 8 章 データマイニング

表 8.1 主な分析手法一覧.

No	手法名	分類	用途	概要
1	回帰分析	予測と要因分析	代表的な統計手法，予測と要因分析	要因 x と y 間の因果関係を回帰式での分析手法
2	クラスター分析	分類	データの分類，類似度	データ間の類似度の近いものから順に分類
3	グレイモデル	予測	時系列データの予測	灰色理論，数列予測，災害予測，季節災害予測，位相予測，システム総合予測
4	コンジョイント分析	予測と要因分析	ヒット商品のコンセプトの開発	マーケティング手法．消費者の商品選択で，商品の注目度が高い部分の分析
5	最近隣法，最近傍法	予測	時系列データの予測	個体間の距離の最小のものをクラスター間の距離と定義する方法，最短距離法
6	実験計画法	予測と要因分析	極めて有用なデータ解析手法	実験方法を挙げ，実験データから最適分析方法決定
7	因子分析	要因分析	商品の人気度，心理学の特性研究	潜在因子分析，データから共通因子発見
8	主成分分析	情報の縮約	多次元データ分析	いくつかの要因を 1 次式に要約
9	数量化理論 I 類	予測と要因分析	定性的な情報を用いて定量的な情報分析	質的データから，数値として測定される外的基準予測手法．
10	数量化理論 II 類	判別予測と要因分析	定性的な情報を用いて定性的な情報分析	質的データから，質的な形で与えられる外的規準を予測したり，判別したりする手法．
11	双対尺度法	パターン分類	クロス表などの解析	コレスポンデンス分析 (Correspondence Analysis)，対応分析，関連分析
12	バスケット分析	アソシエーション	購買データの分析	相関関係，関連性分析
13	外れ値	知見の発見	外れ値の発見と知見	数値データの中で極端に大きいか，小さな値のデータから異常値・例外値・特異点の取得
14	判別分析	判別予測と要因分析	定量的な情報で定性的な情報	境界線が直線となる線型判別関数
15	MTS	判別予測	マハラノビスの距離を用いて判別予測	平均，分散，共分散も用いて定義された距離
16	一対比較法	代替案選定	商品開発，デザイン選定	調査対象を一対一で比較評価
17	AHP	意思決定	階層化意思決定法，優先順位決定	評価基準による代替案から選定，リソース配分，複数要素の評価と順位付け
18	決定木	意思決定	予測モデル，意思決定分析，最適化，分類，ルール抽出	多段階階層化樹形図グラフ構造モデル
19	遺伝的アルゴリズム，GA	最適化	シミュレーション，スケジューリング，順序付け	遺伝子の自然淘汰アルゴリズム，シミュレーションでの最適解
20	ファジィ理論	制御システム	商品のユーザビリティ研究	人間の先験的な知識やあいまいさを定量化

表 8.2　適用分野ごとの応用例.

適用分野	応用例
インターネット	Web サイトのアクセスログを解析して，戦略的な改善を Web サイトに適用．Web ログ解析・Web 訪問者の行動分析，スパムメール識別，インシデント管理
マーケティング	売れ筋，死に筋商品分析，リコメンデーション，顧客分析，コールセンターの入手情報分析，クレーム施策の効果分析，FAQ 作成支援，ダイレクトメール効率化，カタログやチラシ効果測定，顧客のセグメンテーション化，価値観・ライフスタイル調査，販売予測，価値観分析からの販売予測，併売パターン分析，顧客行動分析，クレジット利用分析，価格需要曲線，商品ポジショニング解析，地域分析，広告効果分析，ブランド力調査，視聴率調査，顧客層別行動分析，CM 効果測定，顧客満足度調査，客離れ要因分析，単価最適化，嗜好調査，新製品開発，デザイン選定，離反分析
品質管理	製品の製造工程からのデータを分析して製品の欠陥を分析，異常工程推定，製造工程の不良原因を分析し，不良原因を排除，加工精度の推定
スケジュール管理	適正人員配置，生産性最適化，歩留解析，不良要因解析
マーケットリサーチ	株価予測，景気予測，証券投資分析，ポートフォリオ分析，銘柄管理
金融・保険	金融商品，リターン・リスク管理・最適化，金融資産ボラティリティ予測，資産運用時系列解析，与信管理，顧客生涯価値 (LTV)，為替レート設定，特性分析，顧客離れ防止，個人信用審査，為替・株価予測，景気予測，証券投資分析，ポートフォリオ分析，銘柄管理
人事・労務	適正配置，キャリアプラン，雇用の効率化
医療・バイオ	医学的処置・患者病歴・臨床データの相関分析，臨床薬物動態解析，医薬品売上影響度調査，薬剤消費行動調査，染色体解析
政策	政策決定，世論調査データの分析
災害対策	地震予知
スポーツ	試合対戦相手の分析

ページビュー履歴などがある．これらの履歴データを分析して顧客の好みや行動パターンを推定する．このような推定に基づいて顧客の嗜好に合ったお薦め商品を表示して，広告メールを送信する．このような方法でクリック率や購買率を高めることを狙っている．顧客にとっても有益な機能であると同時に．お店にとっても売上が拡大できる．1 人ひとりの顧客の嗜好を分析して商品やサービスを推奨することでマーケティング効果を上げることができる．さらに，Web サイトにおけるワントゥワン・マーケティング手法の 1 つとして商品推奨法やパーソナライゼーションなどが挙げられる．

　また，全顧客に対する顧客満足向上の促進は，効率的ではないため，優良顧客の育成や重点フォローしていくという考え方が浸透している．顧客データベースを分析して，優良顧客に対してデータの分析や抽出し，販売促進のためのキャンペーンなどを実施する．潜在的な優良顧客を段階的に真の優良顧客に育て，優良顧客に絞った重点的なマーケティング活動を実施している．

8.2.2　Web マイニング

　データマイニングの各種の手法を駆使して商品のマーケティングに利用でき，Web サイト上の構造やウェブ上のデータを利用することが Web マイニングであり，ウェブ上にあるデータやコンテンツ，テキスト情報から役立つ情報を抽出する処理である．よって，データマイングによる分析と推定結果を出す方法が Web マイニングである．

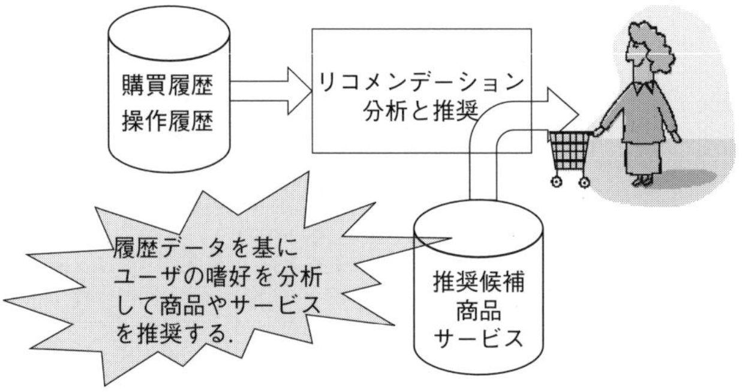

98 ◆ 第8章 データマイニング

図 **8.4** リコメンデーションの仕組み.

　また，Webマイニングによって，ネット上の行動履歴を分析したり，商品，コンテンツや情報を推奨する機能を組み込んだりして，顧客のニーズに合った商品の企画や推奨を行うための仕組みとして使われている．データマイニングを応用した商品推奨システムでは，個人属性の事前登録や，精度の高い推奨を行うためには多くのデータ量が必要となり，以前のシステムの運用上で課題もあったが，現在ではシステムの性能が改善されて実用化されている．商品推奨システムの最も重要な目的は，適切な商品を適切なタイミングで推奨し，顧客の満足度を上げることである．現在，ネットショップにおける推奨システムの活用が進んでいるが，以下の3つの理由が挙げられる．

① Webサイト上では，顧客の行動や購買に関する履歴情報のデータ収集が容易である．
② ネットでのアンケートにより顧客の意見を直接取ることができ，個別の顧客とのコミュニケーションも容易である．
③ 個別の顧客購買行動についての豊富なデータ分析ツールが利用できる．

8.3 リコメンデーション

8.3.1 リコメンデーションとは

　流通小売業界では，顧客1人ひとりの嗜好トレントが多様化してきており，画一的な商品よりも独創的なスペックや特徴がある多種多様な商品を顧客へ提供することが，必要となってきた．また，図8.4のように多種多様な商品の中から顧客のそれぞれの嗜好に合わせてお気に入りの特定商品を推奨できれば，より一層，顧客の購買動機が高められる．個人の嗜好を浮き彫りにして推奨する方法は結果的には顧客の満足度が上がり，販売が拡大できる．このようにマーケティング効果を上げるために，商品やサービス，情報などを推奨（推薦ともよぶ）することがリコメンデーションである．CRMあるいはWebマーケティングの一種でログなどから顧客の嗜好を推定して，顧客の好みに合った商品やサービス，情報などを提供する．顧客満足度の向上と併せて販売促進を達成するための仕組みである．

　リコメンデーションは，顧客に有益な情報やその時点で最適な情報を顧客に提示する技術で

ある．顧客にとって役に立つと考えられる商品やサービス，情報を提示する．

リコメンデーションの方式として様々なものがあるが，代表的なリコメンデーションの1つは，データマイニングの技術を使って，蓄積した情報から傾向，パターンや規則性を導き出し，それを顧客の行動に応じて適用する．例えば，顧客全員の購買履歴からデータマイニングによって購入パターンを抽出し，個別の顧客の要求行動にそれを当てはめてみて，最適な商品を推奨するというようなリコメンデーションである．リコメンデーションは，こうした基本的なリコメンデーションの技術を基にして，より技術を高度化させる．例えば，一般的，汎用的な傾向，パターンや規則性を個々の顧客に当てはめてリコメンデーションを行うのではなく，個々の顧客に応じて，個々の顧客の購買履歴情報や，要求が出された時間や場所，状況，環境などを考慮して，最適なものを推奨する．

リコメンデーションとは，顧客の好みを分析して，顧客ごとに適すると思われる情報を提供するサービスのことである．あらかじめ登録された顧客の嗜好に関する情報や，購買履歴などを参照して，それぞれの好みに合致すると思われる商品やサービスを紹介する．過去に同じ商品を購入したことのあるほかの顧客を似たような嗜好の持ち主とみなし，その興味対象を紹介する商品やサービスを顧客の希望に合わせて個別に配信するなど，高度なサービスが存在する．顧客にとっては自分の好む情報に効率よくアクセスできる可能性を高めることができ，商品やサービスを提供する側にとっては顧客の購買率を高めることができる．顧客満足の向上と販売促進との双方を兼ねたサービスの手法として期待されている．

ネットショップなどで，顧客の好みを分析し，顧客ごとに興味のありそうな情報を選択して表示するサービスがある．簡単な例では，Webサイトで顧客層ごとに異なるトップメニューを用意することもリコメンデーションサービスの一種といえる．顧客の購買履歴やあらかじめ登録してもらった趣味などの情報から，似たような傾向を示している他の顧客の興味対象を表示するサービスや，オペレータが顧客の希望に対して個別に適切な情報を配信するサービスなど，高度なサービスも提供されている．顧客にとっては自分の欲しい情報にすばやくアクセスできる可能性が高まると共に，企業にとっては顧客の商品購買率を高められるなど，双方にメリットが大きいサービスとして期待されている．

また，顧客が関心を持ちそうな情報を推奨する手法がある．ネット上の情報量の増大で目的に沿った情報収集が困難になるにつれ，顧客に対する効果的な情報提供手法として重要度が高まっている．顧客が見ている商品に関連性が高い商品を推奨して購買動機を誘い，売上を伸ばすのが狙いである．例えば，アマゾンのネットショップで類似商品の紹介などが挙げられる．

8.3.2 リコメンデーション方式の種類

(1) 協調フィルタリング (Collaborative Filtering) 方式

顧客の購買履歴の分析によって，リコメンデーションを行うという方法がある．これは，協調フィルタリングとよばれる．この方法は，リコメンデーションの対象となる顧客（商品やサービスを求めている顧客）の購買履歴と，その他のあらゆる顧客の購買履歴を対比し，リコメンデーションのための最適な商品やサービスの情報を提供する．

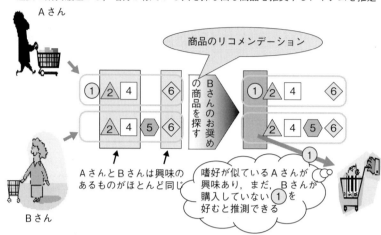

図 8.5 協調フィルタリングの仕組み．

協調フィルタリングは，図8.5のように顧客の過去の行動履歴を基に，類似した行動を取る別の顧客の嗜好（興味，関心など）を推定する．「ある人の興味と同じ興味を持つ別の人は嗜好が似ている」という直感的な推論を基に顧客間の類似度を計算して推定する．また，協調フィルタリングは推定のために大量の履歴データを必要とするが，コンピュータの処理能力の向上により，協調フィルタリングはリコメンデーション機能を実現するための手法として幅広く利用されている．この方法では，サイト内のあらゆる顧客の行動履歴の中から，リコメンデーション対象顧客の購買履歴と類似するものを，統計学と確率論を用いた計算に基づいて選び出す．そして，選び出した購買履歴から考えて，対象顧客が求めている商品やサービスの情報を推定し，推奨する．対象顧客の購買履歴と類似顧客の購買履歴を対比させて，類似顧客たちの購買履歴の要素の中で，状況を考慮して，その時点で対象顧客に最も嗜好に合った推奨情報を提供する．例えば，対象顧客が商品情報を求めているという状況で，類似顧客の購入履歴にある商品の中で，その時点で対象顧客がまだ購入していない商品を推奨する．

(2) コンテンツベース方式

商品，サービスやソフト，映像，音声，画像，テキスト，文書などのコンテンツと店舗，施設などをデータベースとして推奨する方法である．この方法では，コンテンツデータをベースとして，推奨対象となる顧客の購買パターンを推定して，それに基づいた商品やサービスの推奨を行う．この方法は，顧客はコンテンツを表現するデータを，商品のコンテンツ情報として捉えているという観点に立っている．顧客にとって商品とは，商品を表現するデータが意味するところであるという考えである．そこで，推奨する商品を，それを構成するデータの集合として扱っている．例えば，商品を，その属性，特徴，仕様，価格などのデータの集まりと考える．リコメンデーション対象顧客の行動履歴から，その行動に関連する商品（例えば，購入した商品やサービス）についての特徴や傾向を割り出す．これは商品を表現するデータにおける特徴

や傾向ということになる．そして，こうした特徴や傾向に合致するデータ（商品やコンテンツに対応したデータ）を持つ商品やコンテンツの推奨候補となるコンテンツデータの中から抽出して，それを顧客に推奨商品情報を提供する．例えば，商品の購入履歴から，対象顧客が好んで関心がある商品の特徴，傾向を抽出する．これらのルールを対象顧客の購買履歴や登録，申告データに対して適用して推奨する．また，Web 閲覧，検索，商品購入などの何らかの情報を閲覧した対象顧客のアクションに対してルールを適用して推奨することができる．例えば，アマゾンで本を購入する際に類似のジャンルの本を薦めることは，好みの本の属性であるジャンルやタイトルなどを分析している．

(3) ルールベース方式

あらかじめリコメンデーションのためのルールを策定しておいて，そのルールに従って，推奨するという方法である．この方法では，ネットショップで蓄積された，あらゆる顧客のアクション履歴，登録，申告データ，ネットワーク上に公開されている種々のプロフィール情報などをデータマイニングの技術，専門家や経験者などの経験則や知識，社会常識などを用いて分析し，最適なルールを構築する．そのルールを，対象顧客のアクション履歴や登録，申告データなどを適用して推奨する．サイトの閲覧，サイト検索や入力のような対象顧客のアクションに対してルールを適用して推奨する．ルールは，データマイニングによる分析で抽出された傾向，一般則な知識や専門家や経験者の経験知や経験則などに基づいて，推奨する提供者が構築する．これらは，主に運営者による分析や判断による方法で，一定期間のルールが固定的である．例えば，プリンタを購入した人に購入確率が高いインクカートリッジを薦めるといったルールが挙げられる．このような行動パターンもルールベースの一種である．

(4) アンケート方式

顧客がアンケートに回答したデータを使って推奨する方法である．この方法では，リコメンデーションの対象顧客が回答したデータと，その他の顧客が回答したデータを対照させて，推奨商品や情報を抽出する．ショッピングサイトなどに蓄積された，多くの顧客の回答データの中から，対象顧客の登録，申告データと類似したもの（近いもの）を抽出する．それらの抽出データを有する顧客グループが，商品の購入や，興味，関心を持った情報の閲覧など，過去のアクション履歴データから推定して，そのグループに属する顧客の嗜好に合った，商品や情報を対象顧客に対して推奨する．対象顧客が属する顧客グループの大多数が購入している商品候補から，対象顧客が未購入の商品を推奨する．例えば，ショッピングサイトの会員登録の際のアンケートに映画や音楽などの趣味のジャンルを入れると，自分の好みのジャンルのお薦め商品のメールが送られてくることがよくある．

(5) ベイジアンネットワークによる統計的な方式

ベイズ理論のグラフィカルモデルによって因果関係を推論するベイジアンネットワークを利用した推奨方法がある．これは，確率論を使った統計学的な手法で，顧客の要求する商品や情報を抽出する．過去の多種多様な事象の集積や計算をすることによって，将来の顧客のアクションを推定する．例えば，ベイジアンネットワーク（ベイズ理論のグラフィカルモデル）によっ

て，コールセンターの過去の対応履歴やトラブル事例から，経験の乏しいスタッフの接客レベルをベテランオペレーターレベルに引き上げることで，顧客満足度の向上だけでなく，経費削減・コスト削減に繋がるなどの例がある．

(6) 主なリコメンデーション方式の比較

　以上のような様々な方式が考えられているが，これからも，顧客にとって満足度の高くなるようなリコメンデーション方式で，ネットショップにおいて簡易的で実用的な方法が望まれる．利用価値の高いリコメンデーション方式を生み出すためには，リコメンデーション方式の技術向上や推奨効果の検証方法などが必要である．

　ショッピングサイトでよく用いられるリコメンデーションには，例えば，アマゾンの「人気商品ランキング」，「閲覧，購入履歴」，「あなたにおすすめの商品」といった3つのタイプがある．人気商品ランキングなら，数多く購入されている商品のランキングをトップページなどに表示し，閲覧，購入履歴を基に「最近チェックした商品」として表示する．特定の顧客向けに大量の購買履歴データなどを収集，分析し，様々なリコメンデーション方式を使い分けて「あなたにおすすめの商品」を推奨している．これらのリコメンデーション方式を比較し表 8.3 に示す．

表 8.3 リコメンデーション方式の比較表．

方式	分析情報	ロジック	メリット	デメリット
協調フィルタリング	顧客の購買履歴	購買履歴データの類似顧客の嗜好を推奨	データから自動的に計算から推奨できる	大量の購買履歴データが必要
コンテンツベース	コンテンツ属性（スペック，価格など）あらかじめポイントを設定	コンテンツ属性と顧客に関連する嗜好をマッチング	コンテンツ属性を顧客の嗜好に合わせて調整できる	推奨商品に発見性や意外性に欠ける
ルールベース	過去の実績，マーケティングデータ	設定ルールに従って商品を推奨	運営者の意思が反映できる	顧客ごとの推奨結果の差異が少ない
アンケート	顧客のアンケート回答	顧客の回答をグループ分けで推奨	顧客ニーズを把握しやすい	自動的に顧客に推奨しにくい
ベイジアンネットワーク	コンテンツ属性購買履歴	コンテンツ属性と購買履歴から確率計算	統計的観点でヒットしやすい	データ処理に負荷がかかる

8.3.3　リコメンデーションに活用されるデータ

　インターネットでは，多くの顧客のアクション履歴（ログ）データが蓄積される．ネットショップで商品を購入すると，顧客データと購入履歴データを関連付けて分析できる．ネットショップでは，購入履歴のような顧客のアクション履歴に関する多くのデータが蓄積され，リコメンデーションは，こうした蓄積データを活用して，それらのデータに基づいて，顧客に商品の推奨や情報提供ができる．ネットショップには，次のような顧客ごとの履歴データが収集できる．これらの履歴データは，協調フィルタリング方式で適用されている．

① 　ネットショップでの商品の購入履歴
② 　ネット予約サービスなどの利用履歴

③ サイトでの商品や各種サービスの選択クリック履歴

④ サイトへのアクセス履歴

⑤ サイトでのページ閲覧履歴

⑥ サイト内キーワード検索履歴

さらに，顧客がネットショップで会員登録や申告したデータなどもリコメンデーションに活用できる．性別，年齢，職業，家族構成，住所，趣味や嗜好（好きな映画，好きな音楽，好きなスポーツ，食べ物など），関心のある商品ジャンルやアンケートなどの回答データおよび，購入した商品やサービスについての評価や感想などがアンケート方式に適用される．ブログや掲示板など，インターネットに掲載されている情報を参考にすることも考えられる．このような多種の情報を使って，コンテンツベース方式やルールベース方式へ適用し，顧客の行動，趣味，嗜好などの傾向，パターンや規則などを推定することができる．会員制のソーシャルネットワーキングサービス (SNS) を利用し，商品の意見を書き込んでいる口コミサイトで，リコメンデーションに活かすことができる．

8.3.4 リコメンデーションエンジン

リコメンデーションエンジンは，ネットワーク上で，リコメンデーション（推奨）により顧客に情報を提供する技術である．そして，リコメンデーションの技術をソフトウェアとして開発し，実用化して販売されている．このようなソフトウェアをリコメンデーションエンジンとよばれている．ネットショップを運営するサイトなどが推奨エンジンを採用してビジネスに活用されていて，インターネットや携帯電話のサイトなどで，推奨エンジンを使って顧客に商品や情報を推奨するサービスが提供されている．

インターネットビジネスでは，顧客（訪問客，購買客）に対して，リコメンデーションエンジンを使い，特定の商品やサービスなどを推奨する．Web マーケティング，ネットショップなどで，顧客の興味や嗜好に合わせてお薦め商品，情報の表示サービスや技術である．実店舗においても，顧客が 1 つの商品を購入したら，関連商品や組合せ商品など別の商品も一緒に購入してもらうクロスセルや，顧客が商品を買い替えの際に「より上位のもの」を購入してもらうアップセルの推奨方法がある．同様にネットショップにおいても，クロスセルやアップセルが利用されている．さらに販売側が顧客に商品を推奨するために店舗で特に特売商品を目立つようなレイアウトで陳列する．ネットショップにおいても，顧客にとっても多数の商品から自分の欲しい商品を探すためには，その商品に対する正確な知識や，情報検索を繰り返さなければならないので，顧客が訪れたショッピングサイトのトップページに購入したい商品や顧客の嗜好や特性に合った商品情報を自動的に表示させる．このような自動表示機能もリコメンデーションエンジンが利用されている．

前述したリコメンデーション方式である協調フィルタリング方式，コンテンツベース，ルールベース，などの様々な方法の組み合わせによって活用されることがある．インターネットマーケティングのロングテールにおいても膨大な商品群の中からニーズに合ったものを見つけ出す

ための重要な機能である．インターネットの検索エンジンでも，検索履歴を収集，分析し，検索候補で嗜好に合った表示をするなど顧客ごとにパーソナライズ化した検索方式や検索キーワードの推定，推奨機能の実装へ発展している．また，ASP（アプリケーションサービスプロバイダ）によるリコメンデーション関連のソリューションサービスも増えており，ネットショップに採用されている．また，携帯電話でのネットショップにおいてもリコメンデーション機能の重要性が高くなっている．

演習問題

設問1 データマイニングの目的と応用例を挙げよ．

設問2 リコメンデーションの機能と必要性について述べよ．

設問3 リコメンデーションの方式を挙げて比較せよ．

設問4 リコメンデーションに活用されるデータを挙げよ．

設問5 リコメンデーションエンジンとは何かを述べよ．

参考文献

[1] 谷口功：よくわかる最新次世代通信　基本と仕組み，秀和システム (2009).

[2] 菅坂玉美，横尾真，寺野隆雄，山口高平：eビジネスの理論と応用，東京電機大学出版局 (2003).

[3] 中野明：情報ビジネス用語がわかる本，秀和システム (2010).

[4] 井上 哲浩：Web マーケティングの科学；リサーチとネットワーク著，千倉書房 (2007).

[5] 多比 羅悟，佐藤 尚規：入門 e ビジネス Web マーケティング，日本実業出版社 (2000).

[6] 武田 善行，梅村 恭司，藤井 敦：Web マイニング，共立出版 (2004).

[7] ネットマイニング・ジャパン：進化し続ける Web インサイト・テクノロジー ネット＋マイニング　先端企業16選データマイニング・統計解析分野と Web テクノロジーの融合が創造する新しい未来，カナリヤ書房 (2008).

[8] 卜部正夫，細島章：ネットビジネスの本質，日科技連 (2001).

[9] 上田太一郎，中西元子，村上直子，杉村裕喜：実践 ビジネスデータ解析入門，共立出版 (2005).

[10] 上田太一郎：データマイニングの極意，共立出版 (2005).

[11] 上田太一郎：データマイニング実践集，共立出版 (2001).

第9章

インターネットビジネスのためのインフラ

┌─ □ 学習のポイント ──────────────────────────

　インターネットは，様々な事業者が提供するインフラやインフラ上のサービスによって形成されている．インフラとは，インフラストラクチャ (infrastructure) の略で，一般的には上下水道や道路などの社会基盤のことであるが，IT の世界では，システムや事業を有効に機能させるために基盤として必要となる設備や制度などのことである．この章では，これらのインフラおよびサービスの概要を説明する．

- インターネットビジネスのためのインフラの目的を理解する．
- インターネットを構成するインフラを理解する．
- ブロードバンドの種類と特徴，機器構成を理解する．
- インターネット上で提供される，アプリケーションを利用するためのサービスについて理解する．

└──────────────────────────────────────

┌─ □ キーワード ──────────────────────────

　ISP, IX, ブロードバンド, ADSL, CATV, FTTH, ASP, ハウジング, ホスティング, データセンター, IDC

└──────────────────────────────────────

9.1　インターネットビジネスにおけるインフラの目的

　インターネットビジネスは，インターネットを利用してサービスを提供する提供者とそのサービスを利用する利用者が存在することによって成り立っている．

　誰でもが利用者として，そのサービスを利用するためには，高速，安価でかつ簡単にインターネットに接続できることが必須である．

　また，サービスの提供者には，そのサービスを供給するコンピュータシステムが必要である．サーバの準備とその上で稼働するアプリケーションの開発が必要であり，サービス開始以降もその維持運用を継続する必要がある．さらに，そのサービスを拡大するときには，サーバの補充や時にアプリケーションの改修も必要となる．

　大手のネットショップの場合，毎日数千人，数万人の利用者が，24 時間利用する．これは，インターネットが誰にでも利用できる環境が整っていること，またネットショップのサービス供給者は，多くの利用者がいつでもそのサービスを利用できるように，システムを運用維持し

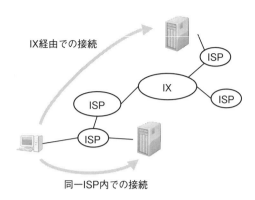

図 9.1　ISP と IX.

ているからに他ならない．

　特に，コンピュータシステムは，受け入れることができるユーザが増加すればするほど，その運用維持コストが増大する．このため，システムのコストをできるだけ軽減して，ビジネスに投資を集中することが求められる．

　インターネットにおけるこれらの目的のためのインフラが存在する．利用者がインターネットを利用するためのインフラとして，「ISP」と「ブロードバンド」，供給者がそのサービスを運用維持するために提供されるインフラとして，「ASP」と「ハウジング／ホスティング／データセンター」を取り上げる．

9.2　ISP

　ISP (Internet Service Provider) とは，インターネット・サービスプロバイダの略で，インターネットを利用するユーザに対して，ユーザのコンピュータをインターネットへ接続するための手段をサービスとして提供する事業者のことである．単に「プロバイダ」と略されることが多い．

　ISP は，ISP としてのネットワークを持っており，ISP 内での通信はこの ISP 内で行うことができる．しかし，そのネットワークの範囲は限られており，より広い範囲での通信を行うためには，他の ISP と接続する必要がある．このために存在するのが IX（インターネットエクスチェンジ）である．IX とは，複数の ISP を相互に接続するインターネット上の相互接続ポイントであり，高速道路でいうジャンクションに相当する（図 9.1）．これによって，すべての ISP ユーザが，世界中のインターネットのユーザと相互に通信することが可能になっている．ISP は，他の ISP や IX に接続するための回線を，一般的な個人や企業が利用できる安価な価格で提供している事業者である．

　ISP は，インターネットへの接続を提供することが主なサービス内容であるが，それ以外にも，ISP 事業者への契約を誘導するために，以下のように様々なサービスを提供している．

- ISP が保有するドメイン名によるオリジナルの電子メールアドレス

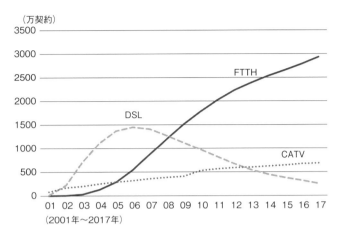

図 9.2 ブロードバンドの加入数推移（文献 [7] より作成）．

xxxx@yyy.ne.jp など（xxxx は個人のアカウント，yyy.ne.jp は ISP 独自の識別子（ドメイン名））．

- 迷惑メールやコンピュータウイルスのチェックサービス
- Web メール
- ポータルサイトの運営による最新ニュースや話題などの情報提供
- ホームページのフィルタリングサービス
- 無料ホームページの領域および作成ツール
- 無料のブログの領域　など

9.3 ブロードバンド

ブロードバンド (broadband) とは，広帯域と訳され，ナローバンドの対義語である．現在では高速なインターネット接続の意味で使われることが多い．写真，音楽，動画など，大容量のデータを高速でインターネットでやり取りできる通信回線という意味で使われている．現在のISP では，ブロードバンドによるインターネット接続を低価格で提供するのが通常になっていて，これによってブロードバンドが急速に普及している．

ISP が提供するブロードバンドの種類として，主に DSL，CATV および FTTH がある．

図 9.2 は，ブロードバンドの導入期からの加入者数の推移を示している．2017 年 3 月には，DSL は 251 万件，CATV は 685 万件，FTTH は 2,932 万件になっている．FTTH は，2008年以降，DSL を抜いて，その普及がめざましい．

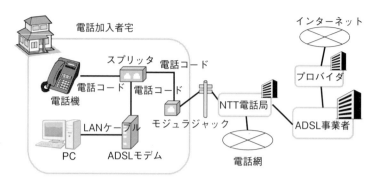

図 9.3　ADSL で必要な機器と構成.

9.3.1　ADSL

　ブロードバンドで最初に普及したのが ADSL である．ADSL（非対称デジタル加入者線）は，既存の電話回線を利用したブロードバンドである．家庭の固定電話と NTT などの電話サービスを提供する通信事業者を結ぶ電話回線をそのまま使って，電話通話に加えてインターネットへのアクセス回線として使用できるようにしたものである（図 9.3）．既存の電話回線を利用するブロードバンドは，DSL（デジタル加入者線）と総称され，ADSL は DSL のうちの 1 つである．

　ADSL の場合，利用者の家庭に引き込まれている既存の電話回線に，必要な装置を接続して，そこにパソコンを接続すれば，ブロードバンドを使用できる．家庭内に新たなケーブルを引き込んだり，特別な工事をする必要はない．

　ADSL を利用する場合に新たに必要となる装置は，スプリッタと ADSL モデムである．スプリッタは，電話音声の信号とデータ伝送の信号を分離する装置である．モデムとは，アナログ信号とデジタル信号の間の変換を行う装置をいい，ADSL モデムは，ADSL に対応したモデムである．電話回線はアナログ信号が流れる回線であり，インターネットを利用するためのパソコンに接続する LAN ケーブルはデジタル信号が流れるケーブルである．このアナログ信号とデジタル信号を変換するのが，ADSL モデムである．ADSL 契約時には，スプリッタおよび ADSL モデムは，ADSL 事業者から提供される．

　パソコンとインターネットの接続は，ADSL 事業者からプロバイダを経由して行われる．

9.3.2　ケーブルテレビによるインターネット接続

　ケーブルテレビ (CATV) によるインターネットは，ケーブルテレビ放送の利用者に，ケーブルテレビの設備をそのまま使って，ブロードバンドを提供するものである（図 9.4）．ケーブルテレビのインターネットの利用者は，宅内に 2 つの装置，分配器およびケーブルモデムを追加することで，ケーブルテレビ放送と共にブロードバンドを利用できるようになる．

　分配器はテレビ番組用の信号とインターネット通信用の信号を分離する装置であり，ケーブルモデムはパソコンのデジタル信号とケーブルテレビ信号の間の変換を行う装置である．利用

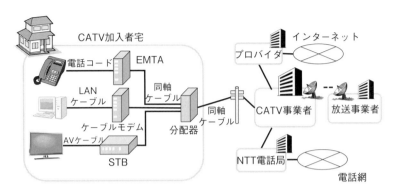

図 9.4 CATV で必要な機器と構成.

者は，ケーブルテレビ事業者と結ばれるケーブルに分配器を接続し，これにテレビ視聴のためのSTBと，インターネット接続のためのケーブルモデムを接続する．そしてケーブルモデムにはパソコンを接続する．STB（セットトップボックス：Set Top Box）は，テレビに接続して様々なサービスを受けられるようにする機器の総称である．ケーブルテレビ事業者の中には，電話回線を提供する事業を行っている場合がある．電話回線は，EMTAを分配機に接続し，このEMTAに電話機を接続する．EMTA (Embedded Multimedia Terminal Adapters) は，IP電話を使用するために必要なケーブルモデムを搭載した電話用マルチメディア・ターミナル・アダプタである．

パソコンとインターネットの接続はCATV事業者からプロバイダを経由して行われる．電話を利用する場合，IP電話の相互接続でない場合はNTT経由で行われる．

9.3.3 FTTH

FTTH (Fiber To The Home) とは，光ファイバーによる家庭向けのデータ通信サービスである（図 9.5）．

FTTHを利用するためには，家庭まで光ファイバーケーブルを敷設する工事が必要となるが，NTTなどを中心に全国で光ファイバー網の整備が進んでいる．

光ファイバーでインターネットを利用するには，光ネットワークユニット (Optical Network Unit：ONU) という装置が必要となる．光ファイバーではデータは光信号として伝送される一方で，パソコンのデータは電気信号である．そのため，FTTHを利用する場合は，光信号と電気信号を変換する装置が必要となる．この装置がONUであり，回線終端装置あるいはメディアコンバータともよばれる．宅内に引き込んだ光ファイバーケーブルとパソコンを接続したLANケーブルを，この装置に接続することでインターネットを利用することができる．

パソコンからFTTHでインターネットを利用すると共に，テレビ視聴や電話を利用する場合は，ホームゲートウェイ (home gateway：HGW) をONUとこれらの機器の間に設置する．ホームゲートウェイは，インターネット接続やデジタル放送，IP電話などの各種デジタル情報メディアと，パソコンやデジタル家電，電話機などの端末の間に設置する宅内機器である．

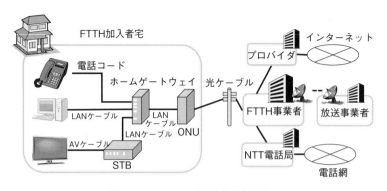

図 9.5　FTTH で必要な機器と構成.

　ブロードバンドは ADSL を中心に普及してきたが，FTTH が取って代わろうとしている．FTTH の利用者が増加している理由は，通信速度が優れているからである．ADSL の通信速度が，一般的に下り最大 50 Mbps 程度，上り最大 5 Mbps 程度であるのに対して，FTTH は一般的に上り下り共に，最大で 100 Mbps 以上となっている．なお，事業者によっては，公称 1 Gbps の FTTH や，下り最大で 100 Mbps 以上の CATV もある．

　インターネットで，動画像や音楽，高品質の写真など容量の大きいデータをやり取りするのが普通になっている時代では，現状，上り下り共に ADSL より高速な通信を可能とする FTTH が使われるのは当然のことである．ただし，FTTH，ADSL および CATV は，ベストエフォート型のサービスである．ベストエフォートとは最善の努力 (best effort) の意味で，状況によって，提供される性能や品質が変化することを示す．したがって，うたわれている最大通信速度が常に実現されるとは限らないことに注意する必要がある．

　工事費を無料にする事業者が多く現れ，また，新しく建設されたマンションなどでは光ファイバーケーブルが引き込まれていて，利用者が個々に工事をしなくても，各室で FTTH を利用できるようになっているケースが増えている．また，FTTH を利用する場合でも ADSL や CATV を利用する場合と，それほど変わらない金額になるような設定がなされるようになってきている．利用する地域，インターネット接続以外のサービスを含めた料金設定，実際の通信速度の情報なども考慮して，選択するのがよい．

9.4　ASP

　ASP は，Application Service Provider（アプリケーションサービス提供事業者）の略語で，1990 年代後半から米国を発信源として広まった概念である．ASPIC（特定非営利活動法人 ASP・SaaS インダストリコンソーシアム）によると，ASP とは，「特定および不特定ユーザが必要とするシステム機能を，ネットワークを通じて提供するサービス．あるいは，そうしたサービスを提供するビジネスモデルのこと．」としている．

　ASP の基本的な仕組みを示すと図 9.6 の通りとなる．図 9.6 では，ASP 事業者がアプリケーションソフトを自社施設のサーバに保有するようになっているが，ホスティングサービスやハ

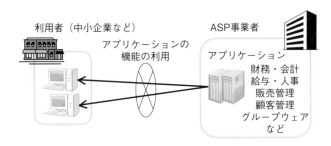

図 9.6 ASP の構成.

表 9.1 ASP が提供するサービスの分野・業務.

分類	分野・業務
業種	農林・水産，建設，製造，交通，物流，卸・小売，金融・保険，不動産，情報通信・メディア，教育，観光・娯楽，医療・福祉・保険，行政　など
基幹業務	製造，営業，マーケティング，販売，物流，財務，会計，人事　など
支援業務	文章管理，ワークフロー管理，メール，TV 会議，ブログ・SNS，情報共有　など

ウジングサービスを利用してデータセンターに保有する場合もある．一方，中小企業などの利用者は，インターネットを経由して事業者のサーバに接続し，アプリケーションソフトをサービスとして利用する．利用者は，ライセンス（使用権）を買い取らず，料金を利用量や期間に応じて事業者へ支払う形を取る．

ASP を導入すると，以下のような効果が期待できる．

- 高速経営
  申し込んだらすぐに使える．市場の拡大縮小に応じてサービスの内容と利用量をすぐに変更できる．常に最先端サービスを利用可能である．
- 機会均等
  大企業と対等な IT 環境の基で，市場競争機会を獲得できる．
- 事業，業務の革新
  大きな初期投資をせずに新しいビジネスモデルが構築できる．
- 安全保障の確保
  企業活動におけるセキュリティ，リスク管理，事業継続性などが強化される．
- 費用圧縮
  TCO (Total Cost of Ownership) の圧縮を達成できる．

ASP が提供するサービスは，あらゆる分野，業務にわたって提供されている．表 9.1 に，ASP が提供するサービスの分野・業務を示している．

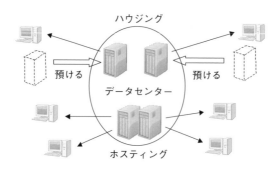

図 9.7 ハウジング／ホスティング／データセンター．

9.5 ハウジング／ホスティング／データセンター

ビジネスにおいて IT の活用が進むに伴って，IT のコストは経営の課題となっている．そのため，企業で調達し運用していた IT の設備を預かる，または自身が設備を準備して貸し出すことをサービスとして提供する事業者が現れた．従来は，ネットワークのインフラが高価でかつ脆弱であったため，地理的に離れた場所で IT 設備を運用するこのようなサービスは，一部の企業の活用にとどまっていた．しかし，インターネットが普及したことによって，そのような事業者の利用が進んでいる．インターネットビジネスにおいては，その Web サイトをインターネット上に置くため，特にそのコスト削減などの効果が期待できる．

9.5.1 ハウジング

ハウジングとは，事業者が，企業などのユーザが所有するサーバを預かり，運用するサービスをいう（図9.7）．

通常，企業などが公開する Web サイトは，各企業内にサーバが用意されて運営される．しかしデータ量やアクセス量が加速的に増大すれば，通信回線は高速であることが要求され，通信コストもかさんでくる．ハウジングサービスは，そのようなサーバを事業者のセンター内に物理的に収容することで，インターネットの基幹回線を使用した高速かつ低コストな通信を実現しようとするものである．

ハウジングを利用すれば，以下のようなメリットがある．

- 運用コスト削減
- 管理業務の簡略化
- セキュリティの強化　など

9.5.2 ホスティング

ホスティングとは，サーバの利用者である企業などが，自身でサーバを用意しなくてもいいように，事業者が持つサーバを利用させるサービスをいう．サーバホスティング，または一般

に「レンタルサーバ」ともよばれる．ユーザは，事業者が保有するサーバやネットワークを借りて，その上でアプリケーションを稼働させる（図 9.7）．1 台のサーバを複数ユーザで共有する共有型と，自社専用で使う専有型がある．

ホスティングサービス利用開始時にサーバ購入費用が不要なことや，サーバが不要になった際に遊休資産にせずに済むことがメリットである．初めは最小限のサーバ台数で開始し，事業規模の拡大に伴ってサーバを増やしたい場合など，電子商取引などでの利用がある．

ホームページ公開用の Web サーバやメールサーバとしての利用が多いが，データベース，グループウェアおよびインターネットビジネスなどの Web アプリケーションでの利用も多い．

各サーバは管理者により監視されており，トラブルなどに迅速に対応できる体制を有するサービスもある．

ホスティングサーバには，主に以下のような機能が組み込まれている．

- Web サーバ機能（開発言語などを含む）
- メールサーバ
- スパムメールフィルタ
- ウイルスチェックフィルタ
- Web メール
- メーリングリスト
- データベース　など

ホスティングは，個々にサーバを設置する場合に比べ，ハウジングと同様に，以下のメリットがある．

- 運用コスト削減
- 管理業務の簡略化
- セキュリティの強化

9.5.3　データセンター

顧客のサーバを預かり，インターネットへの接続回線や保守・運用サービスなどを提供する「ハウジングサービス」や自らが用意したサーバやディスク装置などを顧客に貸し出す「ホスティングサービス」を実施するための施設である．「インターネットデータセンター」(IDC) ともよばれる（図 9.7）．

データセンターは耐震性に優れたビルに高速な通信回線を引き込んだ施設で，自家発電設備や高度な空調設備を備え，ID カードによる入退室管理やカメラによる 24 時間監視などでセキュリティを確保している．基本的にサーバの運用は顧客自身が行うが，停止してないか監視するサービスや，定期バックアップなどの付加サービスを提供しているところもある．

運用監視を行う専門技術者を常時配置し，各種障害が発生した場合の対処や，顧客からの要望に応じた各種作業（バックアップ作業など）を提供する．また，SLA (Service Level Agreement)

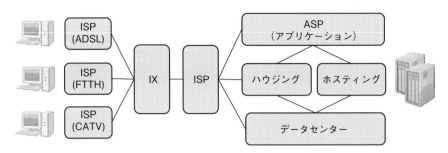

図 9.8　各インフラの関係．

という，事業者側が事前に設定したサービス品質でシステムを運用する基準を設けており，事業者側の落ち度によるサービス品質低下の場合には，利用料金の減額や返金，場合によっては賠償にも応えるなど，高度な品質が保証されている．

データセンターで提供されるサービスには，以下のようなものがある．

- 専用ラック
  冗長電源，無停電電源などが完備
- 専用ケージ
  独自に施錠された場所
- 各種オペレーション
  サーバの起動停止，稼動状況の確認，プロセスの起動停止，入退館管理など

9.6　各インフラの関係

様々な事業者がそれぞれのインフラを提供し，それらが組み合わされて，インターネットが成り立っている．図9.8は，この章で示したインフラとそれらの関係，位置づけを示している．なお，事業者によっては，複数のインフラを提供する場合がある．大手の通信事業者では複数の種類のブロードバンドを提供する場合がある．CATV事業者やADSL事業者がプロバイダを兼ねているケースも多い．また，ASPからデータセンターまでを提供する事業者もある．

演習問題

設問 1 以下の (a)，(b) および (c) に言葉を埋めて，文章を完成せよ．

ブロードバンドは (a) を中心に普及してきたが，(b) の利用者が増加している．その理由は，(b) は，(a) や (c) に比べて，通信速度が優れているからである．

設問 2 以下の (a)，(b)，(c) および (d) に言葉を埋めて，文章を完成せよ．

(a) とは，顧客のサーバを預かり，インターネットへの接続回線や保守・運用サービスなどを提供する (b) や自らが用意したサーバを顧客に貸し出す (c) を実施するための施設である．(d) がネットワークを通じて提供するアプリケーションを，(a) に保有する場合がある．

設問 3 ハウジング／ホスティング／データセンターを利用する共通の利点を述べよ．

設問 4 ASP の中には，無料で，メールサービスを行っている事業者がある．これらのメールサービスを複数列挙せよ．

設問 5 ISP（プロバイダ）に契約している場合，ブロードバンドですか．ブロードバンドの場合，そのブロードバンドの種類とそれを選んだ理由を述べよ．それ以外の場合，今後ブロードバンドと契約する場合，契約するブロードバンドの種類とそれを選ぶ理由を述べよ．

参考文献

[1] 谷口 功：図解入門 よくわかる最新通信の基本と仕組み通信の常識—通信技術の意味と役割を基礎から学ぶ (How‐nual Visual Guide Book)，秀和システム (2007).

[2] 戸根 勤：ネットワークはなぜつながるのか 第 2 版 知っておきたい TCP/IP，LAN，光ファイバーの基礎知識，日経 BP 社 (2007).

[3] IT 用語辞典 BINARY．http://www.sophia-it.com/

[4] IT 用語辞典 e-Words．http://e-words.jp/

[5] Wikipedia．http://ja.wikipedia.org/

[6] ASPIC (NPO 法人 ASP・SaaS・クラウドコンソーシアム).
http://www.aspicjapan.org/

[7] 総務省：電気通信サービスの契約数およびシェアに関する四半期データの公表.
http://www.soumu.go.jp/menu_news/s-news/01kiban04_02000123.html

第10章
情報セキュリティ

□ 学習のポイント

　インターネットビジネスを行う上で，各種のセキュリティに対する脅威が存在する．セキュリティとは，参考文献 [1] によると「安全に仕事や生活するための，いろいろな取り組みや仕組み」と定義している．この定義はわかり易いので，本書もこの定義に従う．

　このようなセキュリティに対する脅威を理解した上で，これを避けるための確実な方策を施し，インターネットビジネスを行う必要がある．この章では，インターネットビジネスを行う際にどのようなことに気を付けるべきかについて説明し，次にこのような脅威の中で特に深刻な問題となる情報漏えい問題について説明する．この章で取り上げている情報セキュリティの課題は，インターネットビジネスを行う上で課題となるものを重点的に取り上げており，一般論としての情報セキュリティに関しては，本シリーズの「情報セキュリティの基礎」を参照されたい．また，コンピュータウイルスに対する対応策に関しては，第 11 章を参照されたい．

- 安全なネットショッピングを行うために，気を付けるべきことが何であるか理解する．
- 安全なネットオークションを行うために，気を付けるべきことが何であるか理解する．
- パスワードの適切な管理は，どのようにすべきか理解する．
- インターネットビジネスで，守るべきものが何であるかを理解する．
- 情報漏えいの危険性と，行うべき対策について理解する．
- ファイル共有ソフトウェアの危険性について，十分に理解する．

□ キーワード

　セキュリティに対する脅威，フィッシング詐欺，悪意のあるサイト，JavaScript，クッキー，ワンクリック詐欺，情報漏えい，ファイル共有ソフトウェア，Winny，Share

10.1　安全なインターネットビジネス利用のために

(1) 安全なネットショッピングやネットオークションの利用方法

　ネットショッピングやネットオークションで被害に合わないためには，まずは相手が信用できるサイトであることを確認することが必要である．ここで被害という意味は，お金を支払ったのに品物を送付してこないとか，クレジットカード番号を不正に利用されたとか．悪意の有

る無しにかかわらず個人情報が漏えいしたなど問題である．

取引相手の確認方法としては次のものがある．

① Web サイトの確認

検索エンジンから馴染みのサイトにアクセスしたつもりが実は，URL が 1 文字だけ異なる詐欺サイトにアクセスしていたということもあり得る．サイトの URL をよく確かめるとか，お気に入りにいれて置き，そこからアクセスするなどの対策が必要である．

② 取引の実績

過去の取引実績や利用者の評価などの確認する．

③ 相手の確認

取引相手の氏名と連絡先（住所や自宅の電話番号など）を確認する．

④ 取引条件

商品の返品や交換の可否，代金の支払い方法などの利用規約などの確認する．

⑤ 個人情報の取り扱いの確認

「プライバシーについて」，「個人情報について」，「プライバシーポリシー」などによりそのショッピングサイトやオークションサイトでの個人情報の取り扱いの考えを確認することができる．これによりそのサイトが個人情報をしっかり守ろうとしているかどうかの判断の材料とすることができる．

⑥ オークションサイトでの特別な注意事項

オークションサイトでは，思わぬところに誘惑が存在するといわれている．例えば，楽天オークションサイトでは次のような注意を促している．

「欲しかったものが意外な金額で買えることがあるのもオークションの楽しみの 1 つ！けれども，市場価格から桁外れに安すぎたり，入手困難なものがたくさんあるなど，うますぎる話しは，いくらインターネットオークションといえども注意が必要です．もっと安く譲ることができるからメールアドレスを教えて．オークションを介さずに直接取引をしましょう．など，巧みに近づいてくる直接取引や個人情報開示の勧誘には，思わぬトラブルに巻込まれてしまうおそれもあるので，応じないでください．自分の取引相手として相応しい相手か見極めることも重要です」

思わぬトラブルを防ぐため，入札前，商品到着時などに，以下の項目をチェックすることを促している．特に高額商品やブランド品の入札前には注意深くチェックが必要であるとしている．

● チェック 1　入札前には商品情報，取引条件をしっかりチェックする．
● チェック 2　出品禁止商品に該当していないかチェックする．
● チェック 3　入札前，落札後には忘れずに出品者の情報もチェックする．
● チェック 4　取引はどんな些細なことでも自分で最後まで責任を持つこと．商品が届いたら，家族や友人まかせにしないで，すみずみまで自分自身でチェックする．

図 10.1 鍵マークのある Web サイト．

(2) フィッシング詐欺にかからないために

　フィッシング詐欺とは，巧みにユーザ ID やパスワードを盗み出し不正を働く行為である．これの手口は次のようなものである．ネットバンキングでいつも使っている「銀行と思われる差出人」から「○○銀行より緊急のご連絡」というタイトルのメールが来たとする．内容は「お客様の口座で不審な取引が確認されています．今すぐに下記のリンクにアクセスして，お客様の口座情報を確認してください．○月○日までに確認が行われなかった場合，お客様のキャッシュカードが使用不可能になります，すぐにカード情報確認のためのリンクをクリックしてください，

　あるいは，「システム変更に伴う本人確認のため口座番号，パスワードを入力してください」「パスワードが無効となりました口座番号，パスワードを入力してください」「不正使用防止のため至急口座番号，パスワードを入力してください」というような手口でフィッシングサイトに誘導する．このサイトで口座番号，パスワードを入力すると情報はすべて盗取されてしまう．犯人は，後でその口座から本人を装ってネットバンクにアクセスし，不正に取得した口座番号，パスワードを使って預金を引き出してしまう．

　対策は，フィッシングサイトやフィッシングメールを見抜くことが一番である．銀行からは，このようなメールは，絶対に発信されることはないことを認識する必要がある．ただし，巧妙に作成されたフィッシングメールやフィッシングサイトを正確に見抜くことは，意外と困難であるため，安全だと確証ができないサイトでは，情報を入力しないことが最善である．

　Web サイトの安全確認としては，ドメイン名を確かめること．Web ブラウザの左上に鍵マークがあることの確認などである．この鍵マークは，認証された正規のサイトであることを意味している．詳細は，第 12 章電子認証を参照されたい．ここでは，SSL とよばれる暗号化通信の仕組みを利用しており，入力したユーザ ID やパスワードなどの情報を他人に読み取られないように，暗号化してサーバとやり取りを行う．

(3) 悪意のあるサイトで被害に合わないための注意

　悪意のある Web サイトとは，ウイルスに感染したサイトである．このサイトは，ユーザが閲覧するとウイルスに感染してしまう攻撃用サイトである．このような目的で作られているサイトもあれば，本来の正規のサイトが改ざんによりウイルスサイトになってしまうこともありえる．このためには，ウイルスに感染しないようにしっかり対策を行うと共に，インターネット

エクスプローラなどの Web ブラウザに対して対策を行う必要がある．詳細については，各ブラウザの設定を参照し設定する必要があるが，基本的な考え方は以下の通りである．

① JavaScript 対策

悪意のあるサイトでは，スクリプト (JavaScript) とよばれる特殊なプログラムを Web ページに埋め込みコンピュータに格納されている情報やファイルを盗取する．これを防止するためには，スクリプトが自動的に実行されないように，Web ブラウザの設定を変更し，信頼できる Web サイト（信頼済みサイト）以外ではスクリプトを実行させないあるいは，実行時は警告を出すという設定が必要である．

② クッキー (Cookie) に対する対策

クッキーは，初回のアクセス時にそれぞれのユーザに対応したデータを送信しておくことにより，次回からはこのクッキーの値を利用して，各ユーザに必要な内容の Web ページを表示させるために利用される．例えば，次のような利用がある．

● ログイン／ログアウト

ロクイン／ログアウトもクッキーが利用されている．一度ログインするとログアウトするまで，ログイン状態が保持される．これは，保持しているクッキーをやり取りすることによりその状態を持続できるのである．ログアウトした時はこのクッキーを削除する．

また，サイトによってはアクセスを行うと自動的にログイン状態となり「こんにちは，○○さん」と表示されるものがあるがこれは，クッキーを削除せずそのまま利用しているケースである．このようなオートログイン機能は，便利ではあるが，クッキーの情報が盗取される危険性があることを認識する必要がある．

● アクセス追跡

ネットショッピングのサイトで，そのユーザがどのようなサイトを閲覧したかの情報を得るためにクッキーが利用される．

例えば楽天では，クッキーの利用に関して次のような表示をしている．「当グループでは下記の行動ターゲティング広告を行っています．行動ターゲティング広告とはサイト閲覧情報などを基に来訪者の興味・関心に合わせて広告を配信する広告手法です．当広告の無効化をご希望される方は，お手数ですが以下の手順に従い無効化してください．当広告はクッキー (Cookie) の設定が「オフ」になっているお客様には提供されておりませんのでご注意下さい」

このようにクッキーは非常に便利な役割を果たすが，危険な一面があることを知った上で利用する必要がある．

(4) ワンクリック詐欺にあわないために

ワンクリック詐欺とは，パソコンや携帯電話に電子メールを送りつけ，そこに記載されている Web サイトをクリックすると脅迫めいた文面，手口で料金の振り込みを迫るというものである．怪しげな電子メールに記載されたサイトは，クリックしないことが原則である．また，通常はクリックしても契約はなされないので，料金請求には何ら法的拘束力はないことを認識す

120 ◆ 第 10 章 情報セキュリティ

ることが必要である．ワンクリック詐欺の疑似体験サイトの事例を文献 [18] に示す．

10.2 パスワードの適切な設定と管理

(1) パスワードが盗取された時の被害

ユーザ ID とパスワードを他人に不正使用されることによる被害の事例は多数存在する．通常の銀行のネットバンキングでは，暗証番号と共に利用者に送付されている暗証番号表を利用して取引の安全を図っている場合が多い．取引の場合は，その度に指定される，暗証番号表のカラムとロウで指定される暗証番号を利用する．このため暗証番号の盗取のみでは，被害にあうことが少ない．一方，ネット専用銀行では，ユーザ ID と複数のパスワードのみで処理が行われるケースが多いためユーザ ID とパスワードの盗難で被害にあう確率が大きくなる．このため，ネット専用銀行では，通常使用しているパソコンとは異なるパソコンからアクセスを行った場合は，ユーザ ID とパスワード以外に合言葉を入力させるなどの安全対策を取っているところも多い．

また，ネットオークションなどでは，他人のユーザ ID とパスワードによる不正な出品登録や落札が行われる可能性がある．ゲームサイトでは他人のポイントの不正な利用なども起こり得る．

さらにメールが他人に読まれることにより，個人情報が漏えいする危険性が存在する．通常企業などのメールサーバはファイアウォールで防御されており，外部の人はこのネットワーク自体に入ることができないため，ユーザ ID とパスワードを知っていてもアクセスすることは不可能である．しかし，Yahoo! や Google などが提供しているメールの場合には，ユーザ ID とパスワードを知られてしまうと自由にアクセスが可能となってしまうので注意が必要である．

(2) 安全なパスワードの設定

安全なパスワードは，次のような条件を満たしていることが必要である．

- 個人情報からは推測できないこと（以下は不適切な例）

  kataoka asano nakayama　fujiwara（名前）

  19991104 s640108（生年月日）

  yokohama kyoto osaka（都市名）

  john ranran kenken　　（ペットの名前）

- 英単語をそのまま使用しないこと（以下は不適切な例）

  microsoft dialog monkey bilabial

- 適切な長さの文字列であること（以下は不適切な例）

  ps ks nk

- 類推しやすい並び方やその安易な組み合わせにしないこと（以下は不適切な例）

  ssssss gggggg（同じ文字の組み合わせ）

  abcdef 12345（安易な数字や英文字の並び）

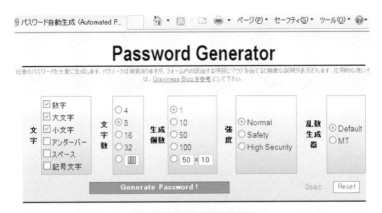

図 10.2 パスワード自動生成事例.

　　qwert asdfgh（キーボードの配列）

条件としては，8文字以上の一定の長さを持つこと，英字，数字の組み合であることが必要である．このような条件を満たすパスワードを作成するのは意外とむずかしいので，パスワード生成ソフトウェアを利用するという方法もある．有料，無料のパスワード作成ソフトウェアが提供されている（「パスワード自動生成」のキーワードでネットを検索すると多数のものが見つかる）．このようなソフトウェアは，使用する文字種（数字，大文字，小文字など），パスワード桁数，強度などの条件下でパスワードをランダムに生成してくれる．Password Generator [17] の事例を図 10.2 に示す．これは，8桁のパスワードを1つ作成している事例である．

(3) パスワードの安全な管理

　安全なパスワードを設定しても，これの管理が重要である．パスワードは，次のような点に注意して管理する必要がある．

- パスワードは，他人には教えない．
- パスワードをパソコンないで管理しない．
- パスワードを定期的に変える．
- ユーザ名やパスワードを電子メールでやり取りしない．
- パスワードを他人に読まれないように注意すること．パスワードを書いたメモを机にしまう時は鍵をかける．多数のパスワードが存在する時は，重要なもの（ネットバンキングなど）とそれほど重要でなく漏れても大きな害がないものに分別し管理する．

　多数のパスワードの管理は，結構大変なためパスワードを自動的に管理してくれるソフトウェアを利用する方法も存在する．1つの事例として，ロボフォーム [8] の事例を図 10.3 に示す．ソフトウェアをインストールするとブラウザ上にログインのツールバーが表示され，これをクリックするとログイン帳が表示される．このログイン帳は，最初にそのページをログインした

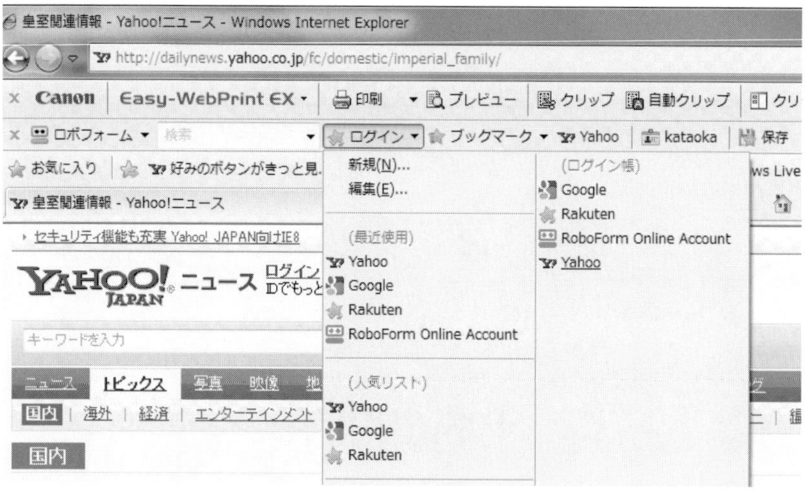

122　◆　第 10 章　情報セキュリティ

図 10.3　自動ログイン事例.

時にパスワード保存を指定することにより保存がなされる．次回のログインは，このログイン帳をクリックすることによりパスワードが自動的に入力される．ただし，ログイン帳に対するパスワードは入力する必要がある．各ページのパスワードを定期的に変更しても，ログイン帳のパスワードは変更する必要がないため適切なパスワード管理が行える．

10.3　インターネットビジネスで何を守るか

　セキュリティの脅威に対して，インターネットビジネスで守るべきものは何かを考えてみる．

(1) インターネットビジネスを行う企業側

　インターネットビジネスを行う側としては，ビジネスを行っていくための各種の企業戦略情報や経営のための情報がある．これらの情報が漏えいした場合には，企業活動に大きな支障が発生する．例えば，今まで行っていなかった新しいサービスをいつから開始するといった情報は，不必要に漏えいしては困るものであり，タイミング良く発表することによりその企業の差別化の要素となり得る．

　また，顧客の個人情報の漏えいは，その企業の信用を傷つけ，ビジネスに大きな打撃を与えるとともに損害賠償を要求されることにもなりかねない問題である．

　インターネットビジネスを行うための，サーバそのものを守る必要がある．サーバへの不正な侵入によるファイルの破壊やウイルスの感染を防ぐことが必要である．さらに Web サイトが改ざんされるとか，ウイルスに感染したサイトとなってしまうと，ビジネスそのものが成り立たなくなる．

(2) インターネットビジネスを利用する個人

　インターネットビジネスを利用する個人としては，その人の個人情報の漏えいや，利用しているクレジットカード番号，また，ネットバンキングなどでは，ユーザ ID やパスワードなど

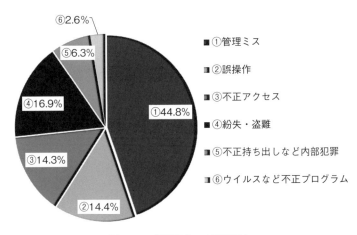

図 10.4 情報漏えいの原因割合.

が盗取されると大きな損害を被ることとなる．これらの情報は，インターネットビジネスを行う企業側でしっかりとした管理が行われる必要があるが，個人のパソコンからこれらの情報が流出しないようにしっかりした対策を行う必要がある．

また，ホームページの書き換えの被害に合わないことも重要である．官庁のホームページや特定の団体や企業のホームページを，悪意を持って書き換えるものも存在するが，情報セキュリティ対策の甘い個人のホームページを無差別に攻撃するものも存在する．このために適切なセキュリティ対策が必要である．

(3) 踏み台にされないこと

管理者が気づかないうちに管理者権限のユーザ ID やパスワードが他人に盗取され，このコンピュータを自由に操作できる状態にされてしまうことがある．これにより，不正アクセスや迷惑メール配信の中継地点に利用されてしまう．他人のサーバやパソコンを踏み台として悪用している場合は，自らの侵入行為やメール配信の痕跡を消す場合が多く，踏み台とされたコンピュータ持ち主が不正行為を働いているように見せようとする．踏み台にされたサーバやパソコンの所有者はインターネット上での信頼を失うこととなり，犯罪関与の疑いをかけられるなど，多大な不利益を受けることとなる．

10.4 情報漏えいのパターンと事例

(1) 情報漏えいのパターン

2016 年の NPO 日本ネットワークセキュリティ協会報告書 [4] によると情報漏えいの原因は図 10.4 のようになっている．これらのものに対してしかるべき対策を行う必要がある．

これらのものは，調査対象となったものの分類であるため，世の中全体の割合を示すものではないが，大きな傾向を示しているといえる．このデータからは，不正アクセスや不正プログラムによる情報漏えいは意外と割合が少なく，もっと基本的な過ちによるものが多いことがわ

図 10.5 情報漏えいのパターン．

かる．

次に，図 10.5 に従い情報漏えいの各ケースについて説明する．

① 管理ミス

引越しの際に個人情報の行方が分からなくなった（例えば誤廃棄），個人情報の受け渡し確認が不十分で受け取ったはずの個人情報が紛失した，などのケースである．

② 誤操作

多数の人にメールを発信する時，本来 BCC を宛先に指定すべきところを TO や CC で宛先を指定したため，送信した全ての人にメールアドレスが開示されてしまったなどのケースである．また，顧客名簿などのファイルを，Web 上で外部から見えるディレクトリに置いてしまったケースもある．①②で全体の 6 割を占めており，情報リテラシー教育を徹底する必要がある．

③ 不正アクセス

不正に手に入れたユーザ ID，パスワードを利用して外部からインターネットを通じて，不正にファイルのアクセスがなされたケースである．

④ 紛失・盗難

パソコンを持ち出した際に，盗難にあったとか，パソコンを紛失したケースである．持ち出すパソコンには最低限の情報しか入れない，パソコンを携帯している時は，身から離さないなどの対策が必要である．

⑤ 不正持ち出しなど内部犯罪

社内の人間が，情報を意図的に持ち出したケースである．これには，USB などの外部記憶装置で情報を持ち出すケースもあれば，メールの添付で情報を外部に送信するケースもありえる．USB などの外部記憶装置の利用をできなくするとか，メールの添付ファイルをメールサーバでチェックするなどの対策が必要である．

⑥ ウイルスなど不正プログラム

ウイルスなど不正プログラムが情報を流出させるケースである．確実なウイルス対策を行うことが必要である（11 章参照）．

その他，Winny，Share などのファイル共有ソフトウェアによる情報漏えいのケースが存在する．情報漏えいの具体的事例や，なぜ情報漏えいがおこりやすいかについて 10.5 節で説明を行う．

表 10.1 情報の漏えい事例.

企業名	情報内容	発表/発覚時期	漏えい規模	原因
Yahoo!BB [9]	氏名などの会員情報	2003 年 9 月	451 万 7039 件	恐喝による管理者 ID, パスワード入手
コスモ石油 [10]	会員情報，車検年月日など	2004 年 6 月 8 日	92 万 3239 件	システム開発委託先から漏えい
KDDI[11]	顧客契約情報	2006 年 6 月 13 日	399 万 6789 件	内部人為的なもの（詳細不明）
大日本印刷 [12]	DM 作成のための預かつた個人情報	2007 年 3 月 2 日	863 万 7405 件	委託先社員の不正持ち出し
ナチュラム [13]	個人情報(一部クレジットカード情報)	2008 年 7 月	65 万 4324 件	SQL インジェクション*
モンベル [14]	クレジットカード情報	2010 年 3 月 4 日	1 万 1446 件	SQL インジェクション*
ベネッセ [15]	ゼミなどの登録者個人情報	2014 年 7 月	2895 万件	委託先社員の不正持ち出し
イプサ [16]	個人情報(一部クレジットカード情報)	2016 年 11 月 4 日	48 万件	不正アクセス（バックドア）

*Web サイトに対して，パラメータにデータベースアクセス SQL 命令の文字列を与えることで，不正アクセスによる情報の入手や，データベースの破壊，Web ページの改ざんなどを行う手口.

インターネット経由の情報漏えいの特徴は，情報漏えいに気がつき難いことや，一瞬にして大量の情報が流出することなどがある．また，漏えいした情報の回収は事実上不可能であることや，犯人の特定が困難なことが上げられる．

(2) 情報漏えいの事例

顧客情報漏えいの事例とその原因を表 10.1 に示す．この表からわかるように以前は，社員や契約社員など人による情報漏えいが比較的多かったのに対して最近，SQL インジェクションなどの高度な手口を利用したものが増加している．これは，企業内部での不正の監視などが適切に行われることにより減少した一方，外部からの高度な手口のものが増加していると考えられる．したがってインターネットビジネスでは，常に危険性に対する十分な防御策を取っておく必要がある．

10.5 ファイル共有ソフトウェアによる情報漏えいの危険性

(1) ファイル共有ソフトウェアの危険性

ファイル共有ソフトウェアである Winny や Share により企業や官庁から，極秘として扱うべき重要な情報が漏えいする事件や，学校の生徒の成績や個人情報が漏えいする事件が多発している．この情報漏えいの事例と危険性について説明する．

Winny や Share のファイル共有ソフトウェアは，匿名でファイルの公開と流通を効率よく行うことを目的としたプログラムである．これにより音楽や動画などの他人の著作物を取得したり配布したりするのに利用される．これらのファイル共有は，どのようなファイルを持っているかの情報を，キーとしてネットワーク上に配布し，他のコンピュータはそのキーを元に必

表 10.2　ファイル共有ソフトウェアによる情報流出事例　参考文献 [5] より作成.

組織名	発生年月	プログラム名	事　象
山梨県警	2007 年 2 月	Winny	巡査長の私物パソコンから犯罪被害者など約 610 件の個人情報を含む捜査情報が流出
三井生命	2007 年 3 月	Winny	業務契約先社員の私物パソコンから過去に持ち出した企業年金の顧客など 1501 人分の個人情報が流出
春日部市	2007 年 3 月	Share	職員自宅の私物パソコンから国民健康保険加入者情報約 5000 人分と，個人事業者の個人情報約 6000 人分が流出

要なファイルの入手を行う．つまり必要とするファイルの入手や配布が勝手にできる仕組みであり，ある意味では非常に便利である．交換されるファイルは，暗号化されているためウイルスチェックにかかりにくく，ウイルスに感染したファイルがパソコンに取り込まれる可能性が高くなる．一度ウイルスに感染すると今度は，ファイル共有を想定していないファイルまでウイルスにより流出することとなる．多くの事件となっている事例はこのようなものである．したがってワクチンソフトを設定しているからといって決して安全ではないということに注意することが必要である．ファイル共有ソフトウェアによる情報流出事例を，表 10.2 に示す．職場では，ファイル共有ソフトウェアの利用は禁止されているのが一般的であるが，自宅に持ち返り仕事をする時に，このような流出事件が発生していることが多い．自宅のパソコンといえども，年賀状の住所録，メールアドレス帳など多数の個人情報が存在することを考えるとファイル共有ソフトウェアの利用は厳重な注意が必要である．また，ファイル共有ソフトウェアで入手する音楽などのファイルは著作権上の問題も多く，この面からも利用は原則禁止と考えるべきである．

演習問題

設問 1　セキュリティの観点から，インターネットショッピングで確認すべきことを 3 点挙げよ．

設問 2　パスワードの管理方法について 3 点挙げよ．

設問 3　パスワードを盗取された時どのような被害があるか 3 点挙げよ．

設問 4　情報漏えいのパターンについて 3 点挙げよ．

設問 5　ファイル共有ソフトウェアはなぜ危険なのかについていて 2 点挙げよ．

参考文献

[1] 岡嶋裕史：セキュリティはなぜ破られるのか—10年使える「セキュリティの考え方」—, 講談社 (2006).

[2] 警視庁：平成19年1月 不正アクセス行為対策等の実態調査 調査報告書. http://www.npa.go.jp/cyber/research/h18/countermeasures.pdf

[3] 総務省：国民のための情報セキュリティーサイト. http://www.soumu.go.jp/main_sosiki/joho_tsusin/security/index.htm

[4] NPO日本ネットワークセキュリティ協会：情報セキュリティインシデントに関する調査報告書2016年. http://www.jnsa.org/result/incident/data/2016incident_survey_ver1.2.pdf

[5] 日経コンピュータ 2007年5月14日号 pp123.

[6] John Viega著 葛野弘樹監訳 夏目大訳：セキュリティの神話, オライリー・ジャパン (2010).

[7] 広口正之著：書名実際にあった46の情報セキュリティ事件, リックテレコム (2006).

[8] ロボフォームホームページ. http://www.roboform.com/jp/

[9] 日経コンピュータ 2004/12/13 pp25.

[10] 日経コンピュータ 2004/6/28 pp25.

[11] 日経コンピュータ 2006/6/26 pp32.

[12] 日経コンピュータ 2007/4/2 pp28.

[13] 日経コンピュータ 2008/8/15 pp18.

[14] 日経コンピュータ 2010/4/28 pp88.

[15] ベネッセお客様本部. http://www.benesse.co.jp/customer/bcinfo/01.html

[16] イプサ，42万件の個人情報漏洩事件は何故起きたのか. https://cybersecurity-jp.com/security-incident-case/16934#i-3

[17] GRAVINESS.COM社：Password Generatorホームページ. http://www.graviness.com/temp/pw_creator/

[18] ソースネクスト株式会社：1クリック詐欺疑似体験ホームページ. http://sec.sourcenext.info/tips/virtual.html?i=sec_users

第11章
コンピュータウイルス対策

□ 学習のポイント

　この章では，インターネットビジネスを行うために欠かせないコンピュータウイルスの対策について述べる．確実なコンピュータウイルス対策を行っておかないと，顧客の個人情報の漏えいやクレジットカード情報の漏えいなどを引き起こし顧客の信用失墜により，ビジネスを行っていく上での大きな損害を受ける．また，個人でも，ユーザ ID やパスワードの漏えいなどにより，本人になりすました取引などにより損害を被る．このようなことの防止のため，コンピュータウイルス対策として何をなすべきかをここでは述べる．

- 悪意のあるソフトウェアの名称とし，コンピュータウイルスやマルウェアなど各種の名称が存在することを理解する．
- コンピュータウイルスはどのように感染するのかを理解する．
- コンピュータウイルスはどのような被害をもたらすのかを理解する．
- コンピュータウイルスの対策として何をなすべきかを理解する．
- 十分な対策をしても，ウイルスに感染する場合も存在する．このような場合には何をすべきかを理解する．

□ キーワード

　コンピュータウイルス，マルウェア，ワーム，ボット，キーロガー，ウイルス対策ソフト，セキュリティホール，

11.1 コンピュータウイルスとは

　コンピュータウイルス対策を述べる前に，ここで対処しようとしているコンピュータウイルスの言葉の定義について述べる．基本的には，下記で述べる広義のコンピュータウイルスを本書ではウイルスとよんでおり，この章ではこれの対応策について述べる．

(1) マルウェア

　悪意のあるソフトウェアの総称であり，コンピュータウイルス（狭義），ワーム，スパイウェア，ボット等の不正プログラムを総称してマルウェアとよぶ．これは，コンピュータウイルス（広義）ともよばれる．

(2) コンピュータウイルス（狭義）

他のプログラムやファイルに寄生して，ファイルの破壊やコンピュータに異常な動作をさせるなどの，不正を行うプログラム．マルウェアの中では最も古くから存在するタイプである．

(3) ワーム

ウイルス（狭義）のように寄生する他のプログラムを必要とせず，単独で活動する．スクリプト言語やマクロなどの簡易的な技術で作成される．コンピュータウイルス（狭義）と区別される．

(4) スパイウェア

利用者や管理者の意図に反してインストールされ、利用者の個人情報やアクセス履歴などの情報を収集する不正プログラム．

(5) ボット

ボット (BOT) は，コンピュータを攻撃者が外部より操作するものである．ボットに感染したコンピュータは，攻撃者の指令に従い，情報の盗み出しや，迷惑メールの送付やサーバの攻撃などを行う．感染したコンコンピュータは，本人が気づかない間に悪意の行為をしていることなる．

11.2 コンピュータウイルスの感染経路

コンピュータウイルスによる感染は，次のいくつかの経路が存在する．

(1) USB メモリ経由の感染

USB メモリや SD メモリカードなど可搬型のメモリ経由で感染するケースである．パソコンに USB メモリなど接続すると，USB メモリ内のプログラムが自動的に実行される機能を悪用して感染する．自動的実行機能により，異なるウイルスをダウンロードするプログラムが実行される．このウイルスに感染したパソコンに USB メモリを接続すると，その USB メモリにウイルスが感染して伝染することとなる．

(2) Web サイト経由の感染

ウイルスに感染した Web サイトを閲覧することにより，そのパソコンの脆弱性をついてウイルスに感染するケースである．正規の Web サイトが不正アクセスにより改ざんされ，ウイルスがしかけられていることなども多い．検索エンジンで見つけた URL をむやみとクリックしない注意が必要である．

(3) メール経由の感染

メールの添付ファイルにより感染するケースである．ウイルス感染の 95% を占めるといわれている．また，メールで悪意のあるサイトに誘導し，Web サイト経由の感染も多い．

普段使用しているメールマガジンだと思い，そこに掲載されている URL をクリックしたらウイルスに感染し，一度でもメールをだしたことがあるすべての人にこのウイルス付きのメールが転送され大きな迷惑をかけるという事例も存在する．特にスパムメールやインスタントメールに存在する怪しげな URL は絶対にクリックしないことが必要である．また，メールたけで

図 **11.1** ソフトキーボードの例.

はなく，ブログや Twitter でも同様のことが発生するので注意が必要である．このような場合，長い URL を短く変換する"短縮 URL"が利用されることが多く，怪しげな URL の判断がむずかしくなっている．

(4) マクロ機能を利用した感染

Word の文書ファイルや Excel の表計算ファイルのマクロを開くと感染するものである．Windows がファイルを開くとき「マクロを有効にしますか」と聞いてくるのはこのためである．

11.3 コンピュータウイルスによる被害内容

(1) キーロガーによるパスワード盗取

キーボードの入力を監視，記録するウイルスによりユーザ ID やパスワードが盗み出される．これを防ぐ１つの手段がソフトキーボードであり，ログイン画面でキーボードを利用せず，ソフトウェアで入力を行う方式である．これの事例を図 11.1 に示す．キーボードの代わりに画面をクリックすることにより入力を行うことができる．

(2) バックドアによるコンピュータの外部からの操作

バックドアというウイルスに感染すると，コンピュータを外部から操作できるようにされてしまう．侵入口（バックドア）を用意することによりユーザに気づかれず，コンピュータを操作することが可能となり，いわゆる乗っ取りをされることとなる．

(3) トロイの木馬によるコンピュータ破壊やデータ漏えい

正体を偽りコンピュータに侵入し不正を行うトロイの木馬というウイルスに感染すると，コンピュータの破壊やデータの外部漏えいなどが起こる．コンピュータの破壊の事例を図 11.2 に示す．カウントダウンが始まりハードディスクの初期化がされてしまう事例である．

(4) 特定のファイルの暗号化による身代金要求

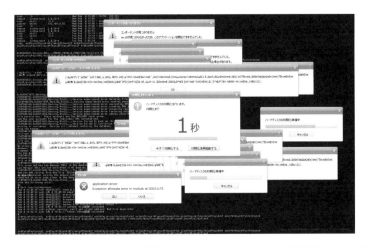

図 11.2　ウイルスによるコンピュータ破壊の事例（McAfee のウイルス体験疑似サイト [8] より）．

ランサムウェアに感染するとコンピュータ内の特定のファイルが暗号化され，これを解読するためのプログラムを売りつけられる．つまり身代金を要求されることとなる．

(5) スパイウェアによる個人情報漏えい

スパイウェアに感染すると，利用者の個人情報や Web サイトのアクセス履歴などを収集しスパイウェア作成元に送付される．ユーザの意図に反してインストールされている場合は不正な行為となる．スパイウェアには，他のアプリケーションソフトとセットで配布され，インストール時にはそのソフトと一括して利用条件の承諾などを求められ，意識しないうちに承諾しているものもある．不正ではないが注意を要する．

(6) ボットによる他人への攻撃

ボットに感染すると本人の意識がないままに，自分のコンピュータを経由して他人のコンピュータに攻撃させられることとなる．図 11.3 にボットによる攻撃の模式図を示す．犯罪者や迷惑メールの送付を意図するものは，協力者に金銭などを支払って依頼する．この協力者は，指令コンピュータを使い脆弱性のあるコンピュータにボットを感染させることを指令する．ボットの感染が成功すれば，命令発信コンピュータは，迷惑メールの発信や，サーバへの攻撃，情報漏えいなどの指令を，指令コンピュータに送り，指令コンピュータは，ボットに感染させたコンピュータに実際にこれらのことを行わせる．

この攻撃は，ボットに感染したコンピュータで構成された「ボットネットワーク」により行われるために，多数のコンピュータが一斉に同一の攻撃を行う点が特に悪質である．その点で他のウイルスよりも犯罪性が高い．また，ほかのコンピュータに対して被害を与えていることを気が付きにくい点も特徴である．

11.4　コンピュータウイルスの被害状況

図 11.4 に日本情報処理機構 (IPA) の報告書 [4] のデータを利用して集計した狭義のウイルス

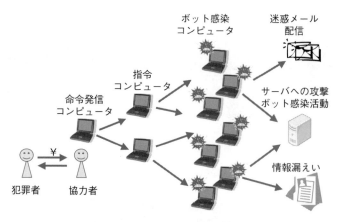

図 11.3　ボットによる攻撃の模擬図.

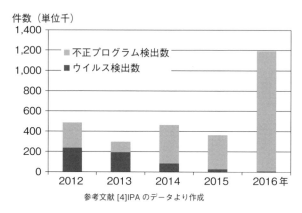

図 11.4　ウイルスおよび不正プログラム検出数推移.

やこれ以外の不正プログラムの検出数推移を示す．これは，あくまでも検出数であり，被害があった件数はこのごく一部であるが被害を与えるものが，ウイルスから不正プログラムに変遷していることに注意を要する．また，これらの 90% 程度は，メール経由での検出となっておりメールが一番危険な経路であることが分かる．また，ウイルスを検出したという偽警告で不安を煽り，電話をかけさせてサポート契約やソフトウェア購入に誘導する「ウイルス検出の偽警告」が増加しており注意を要する．

11.5　コンピュータウイルス対策

(1) ウイルス対策ソフトの利用

　パソコン購入時は，何らかのウイルス対策ソフトが設定されているケースが多いが，多くの場合期限付きであるので，そのウイルス対策ソフトの契約を結ぶか，新規にウイルス対策ソフトを購入する必要がある．また，ウイルス対策ソフトがまったく導入されていない場合は直ち

にウイルス対策ソフトを導入する必要がある.

これらのソフトを導入すると共に,常時保護として動作させる必要がある.また,ウイルスは常に新種が発生しているためこれの対策のため,定義ファイル(パターンファイル)を常に更新するモードとしておき,最新状態であることを確認することが重要である.また,不測の事態に備え一定周期でパソコン全体のウイルス検査と駆除を行う必要がある.ウイルス対策ソフトの事例を以下に挙げる.

無料のウイルス対策ソフトも存在するが,中には後日更新を要求し料金を請求されたり,詐欺ソフトであったということも存在するので素性をよく確かめることが必要である.場合によっては,それ自身がウイルスソフトであったということも存在する.

① ESET スマートセキュリティ:キャノン IT ソリューション販売
② ウイルスバスター:トレンドマイクロ販売
③ ノートン アンチウイルス:シマンテック販売
④ セキュリティ対策ソフト:マカフィー販売
⑤ ウイルスセキュリティゼロ:ソースネクスト販売
⑥ ウイルスキラー:インターネットセキュリティ

これらのソフトは,一般的なウイルス対策のほかトロイの木馬,ボット対策,PDF からの感染対策の機能と共にフィッシング対策として,世の中にでまわっているフィッシングサイトをブロックする機能,パーソナルファイアウォール機能,迷惑メール対策機能を持っているものもあり,どのような機能を持っているかよく調べた上で導入する必要がある.また,スマートフォーンに対してもパソコンと同等に考え,ウイルス対策を行う必要があり,上記の各会社よりスマートフォーン用の対策ソフトが販売されている.また,これらのソフトを販売している企業のホームページでは,セキュリティ対策の事例や解説などを行っており,参考となる.

(2) コンピュータの脆弱性をなくすこと

ウイルス,特にボットはコンピュータの脆弱性を利用して侵入するので,コンピュータの脆弱性である,セキュリティホールを塞ぐことが必要である.Windows などの OS やソフトウェアの修正情報の適用を確実に行う必要がある.これは,単に OS のみならず,「Adobe Acrobat」,「Office 関連ソフト」,圧縮/解凍ソフト「+Lhaca」,音楽管理ソフト「iTunes」なども同様である.

危険な Web サイトというのは,普段見ているサイトでも起こり得る.これらのサイトが突然改ざんされていることもあり得る.これらのサイトの閲覧からの感染を防ぐのは,脆弱性をなくしておくことである.

(3) パーソナルファイアウォールやブロードバンドルータの導入

最近の多くのウイルス対策ソフトは,パーソナルファイアウォールの機能を備えているのでこれを利用することにより不正な外部からのアクセスや,意図しない外部への通信を遮断することができる.これによりボットなどのウイルスの活動を防止できる.

また,プロバイダのネットワークに直接接続するのではなくブロードバンドルータを利用す

ることも有効である．ブロードバンドルータは通常，複数のパソコンのネットワークを構築するために利用されるものであり，このネットワークの内部のアドレスとインターネット上のアドレスの変換を行ってくれるものであるが，1台のパソコンの場合でもこれを利用することにより外部より直性ネットワークのアドレス（IP アドレス）が見えなくなり，脆弱性があったとしても攻撃にさらされることを防止することができる．

(4) USB メモリなどの外部メモリの対策

　USB メモリなどをパソコンに接続した時に，自動的にプログラムが実行される機能をウイルスは利用しているため，この実行機能の停止を行う修正情報を適用する．

　また，「Autorun.inf」ファイルを USB メモリ内に作成しておく．これがあるとウイルスは，Autorun.inf ファイルを書き込もうとしても書き込めず実行を阻止できる．USB メモリも一定周期でウイルスチェックを行う必要がある．さらに外部メモリは，USB にかぎらず，デジタルカメラ，SD メモリカード，　ネットワーク対応ハードディスクなども同様であることに注意する必要がある．

(5) HTML メールの利用の制限

　HTML メールは Web サイトを見ているように便利であるが，この HTML のメールは，Web サイトと同様にスクリプトの中にウイルスを忍び込ませることが容易である．したがって HTML メールのプレビューや開封でウイルスに感染する確率が大きく存在する．防御策としては，メッセージの表示形式で，HTML ではなくテキスト形式を選択すること，また，自分が送信するメールはテキスト形式とすることが必要である．

(6) メール添付ファイルの警戒

　前に述べたように，ウイルス感染の 95％はメール添付ファイルである．したがって，知らない人からのメール添付ファイルは開かない．また，開く必要がある場合は，一旦，ファイルに保存しウイルスチェックを行った後に開くなどの処置が必要である．

11.6　ウイルスに感染した時の処置

(1) パソコン上からの駆除

　パソコンがウイルスに感染した場合は，他のパソコンへの感染を防ぐため，まずネットワークから切り離す．次に，パソコン全体の検査を行う．ここで，駆除できればよいが，検知できても駆除できないものが見つかった場合は，感染しているファイルを削除し，ごみ箱からも削除することが必要である．うまく削除できない場合は，OS の再インストールを行う必要がある．

(2) IPA への届け出

　ウイルスに感染した場合は，IPA に届けることが義務づけられている．下記の HP から届けることとなっている．届けられた情報は，統計情報として集計され，定期的に公表されている．届出を行うことは，感染被害の拡大と再発防止のために重要なデータとなる．

https://www.ipa.go.jp/security/todoke

演習問題

設問 1　IPA の「国民のための情報セキュリティサイト」の「情報セキュリティ認識度チェック」より一般利用者向け 7 問に回答せよ．

http://www.soumu.go.jp/main_sosiki/joho_tsusin/security_previous/security_check/s_check.

設問 2　ウイルスの感染経路を 3 点挙げよ．

設問 3　ボットはウイルスの中でも特に悪質だといわれている．その理由を 3 点挙げよ．

設問 4　ウイルス感染防止のため日頃から心がけるべきことを 3 点挙げよ．

設問 5　ウイルスに感染した時行うべきことを 2 点挙げよ．

参考文献

[1] 総務省：国民のための情報セキュリティサイト．

http://www.soumu.go.jp/main_sosiki/joho_tsusin/security_previous/index.htm

[2] IPA ボット対策について https://www.ipa.go.jp/security/antivirus/bot.html

[3] 総務省：不正アクセス行為の発生状況およびアクセス制御機能に関する技術の研究開発の状況 2017 年 3 月 23 日．

http://www.meti.go.jp/press/2016/03/20170323002/20170323002-1.pdf

[4] 情報処理推進機構 (IPA) コンピュータウイルス・不正アクセスの届出状況．

https://www.ipa.go.jp/security/txt/2017/q1outline.html

[5] 野坂直人：情報セキュリティーの仕組みと対策，中央経済社 (2002)．

[6] 情報処理推進機構 (IPA)：情報セキュリティ読本 三訂版 —IT 時代の危機管理入門—，実教出版株式会社 (2009)．

[7] John Viega 著　葛野弘樹監訳 夏目大訳：セキュリティの神話，オライリー・ジャパン (2010)．

[8] McAfee ウイルス被害疑似体験サイト．

http://www.mcafee.com/japan/home/demo/report/index2.html?id=37161

第12章
電子認証

□ 学習のポイント

　インターネットが急速に普及し，インターネットビジネスの中で1つの大きな要素である電子商取引の量も形態も急拡大している．例えば，パソコンのブラウザを利用して，電子商店にアクセスし，クレジット決済で商品を購入するような，いわゆるネットショッピングは，誰でも行うことができるし，経験のある読者も多いと思われる．

　これに伴って，どのようにこのセキュリティを保ち，安全性を確保するのかが大きな課題になっている．この章では，安全性を確保するために実際に使用されている技術および仕組みについて説明する．

- 電子認証の意味と必要性について理解する．
- 電子認証に利用されている暗号技術について理解する．
- 本人確認のための電子証明書を発行する第三者機関について理解する．
- ユーザの認証方式について理解する．
- 情報の安全な受け渡し，および Web サイトの安全なアクセスへの利用について理解する．

□ キーワード

　共通鍵暗号，公開鍵暗号，一方向暗号，PKI，認証局，電子証明書，ユーザ認証，チャレンジ・レスポンス，ワンタイム・パスワード，電子署名，SSL

12.1　電子認証の目的

　インターネットは様々な脅威にさらされており，それを利用しているインターネットビジネスもまた同様である．それらの脅威から発生することが想定される，以下のリスクがある．これらのリスクを回避または軽減しなければ，インターネットビジネスは成り立たない．

- 盗聴
- なりすまし
- 改ざん
- 否認

例えば，自動車メーカー A 社が，部品の調達を行う場合を考えよう．B 社は，A 社に部品を供給する下請け企業である．伝統的な方法では，A 社と B 社の間でやり取りされる見積書や注文書は，顔の知れた担当者が，互いに会社の実印が捺印されている文書を直接受け渡しすることで，法的に守られ，かつ安全な契約が行われる．

インターネットの普及によって，A 社は，インターネットを利用して見積書や注文書をやり取りする，A 社運用の調達システムで調達業務を行うことになったとする．これにより，世界中から最適な部品を効率的に調達することが可能となる．しかし，その半面，インターネットを使用することによる，様々なリスクが存在することになる．

X 社は，B 社と同じ下請け企業である．X 社は，B 社が調達システムに送信した見積書の内容を知りたいと考えている．B 社より有利な見積書を出すと，X 社が受注できるからである．

そのために，X 社は，インターネット上で送付される見積書を盗み見ることができれば，B 社の見積書の内容を知ることができる．また，B 社が調達システムにログインしたときに，そのパスワードを盗み見ることができれば，簡単に見積書を参照することができるかもしれない．このように，インターネット上に流れているデータを盗み見ることを「盗聴」という．盗聴されても内容がわからないようにデータの「機密性」を保つ手段が必要になる．

B 社のパスワードを知る方法は，別にもある．X 社が，A 社の調達システムとそっくりなサイトを作り，なんとかして B 社をそちらのサイトに誘導してログインさせれば，パスワードを入手することができる．このように，第三者がデータの送信者になりすますことを文字通り「なりすまし」という．B 社が，相手（この場合 A 社のサイト）が本物かどうか確認する「認証」の手段が必要になる．

X 社が，B 社のパスワードを手に入れたら，B 社の見積書の見積額を高く書き換えるかもしれない．X 社の見積額の方が安ければ，受注できるからである．このように，第三者がデータを書き換えることを「改ざん」という．相手（この場合 B 社）が送ったデータと自分（この場合 A 社）が受け取ったデータが同じだという「完全性」を確認する手段が必要である．

X 社が受注したものの，契約書に記載された金額や納期を守れなくなったとしよう．そのとき，X 社は，その契約書は自分が作成したものではないと主張し，責任逃れをするかもしれない．このように，データの送信者が，そのデータは自分が送信したデータではないと主張することを「否認」という．相手が契約などを否認することを防止する「否認防止」の手段が必要になる．

インターネットを利用した電子商取引において，「機密性」，「認証」，「完全性」および「否認防止」を確実に実現する仕組みが「電子認証」であり，それを支える技術が「暗号」である．

12.2　暗号

暗号とは，「当事者以外には意味がわからないように，当事者間でのみ理解できるように取り決めた，特殊な記号や文字，またはその手順や方式」のことである．

暗号は，古来から，主に，軍事的な目的で多用され，進化してきた．第二次大戦でドイツが

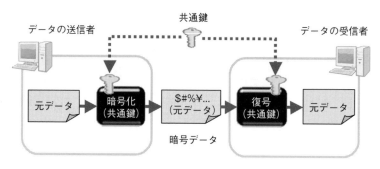

図 12.1 共通鍵暗号.

図 12.2 一方向暗号.

開発した強固なエニグマ暗号機はよく知られた史実である．

一方，インターネットを利用した電子商取引の普及で，課題となっているリスクを回避する手段として，通信データの暗号化が行われている．このための暗号方式には，「共通鍵暗号」，「公開鍵暗号」および「一方向暗号」がある．

12.2.1 共通鍵暗号

共通鍵暗号は，データそのものを暗号化するために使用する暗号方式である．共通鍵暗号を使用する場合，同じ暗号方式を採用した共通の暗号鍵（共通鍵）を作成しておく．共通鍵は，この暗号鍵で暗号化したデータはこの暗号鍵でないと復号できないという性質をもつ暗号鍵である．

暗号データの受け渡しは，次のように行う（図 12.1）．まず，データの送信者と受信者ともに，同じ共通鍵をもっておく．そして，送信者は，元データをこの共通鍵で暗号化したデータを受信者に送る．受信者は，暗号化されたデータを受け取り共通鍵で復号すると，元のデータを得ることができる．

12.2.2 一方向暗号

一方向暗号は，データを片方向に暗号化するもので，暗号化したデータは元に戻すことができない暗号方式である（図 12.2）．また，元データの大きさにかかわらず，一方向暗号を行った結果は，常に同じ短いデータとなる．

この暗号化はハッシュと呼ばれ，生成されたデータはハッシュ値またはメッセージ・ダイジェ

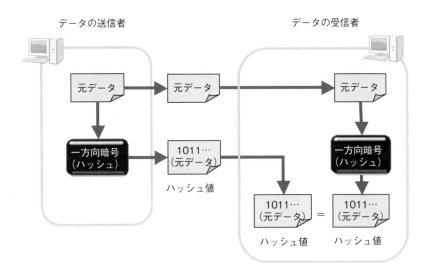

図 12.3　一方向暗号による改ざんの検出．

スト（単にダイジェスト）とよばれる．ハッシュ値は元のデータとはまったく異なる値となるだけでなく，よく似た2つのハッシュ値があっても，元データはまったく異なるという性質をもつ．したがって，あるデータとそのハッシュ値がわかっていて，値のよく似たもう1つのハッシュ値があったとしても，このハッシュ値に対応する元のデータは全く異なる値であるので，元データの推測も難しい．

一方向暗号は，128ビットの文字列を出力するMD5と224, 256, 384, 512ビットのいずれかの文字列を出力するSHA-2の2つの暗号方式がよく利用される．

一方向暗号は，2つのデータが同じかどうかを高速に確かめるために使用する．どのように大きなデータでも，ハッシュ値は，最大512ビットなので，こちらを比較するほうが高速に処理できる．

インターネットでは，一方向暗号は，データの改ざんが行われていないかを検出する目的で使用される（図12.3）．データの送信者は，元データからハッシュ値を作成する．そして，元データとハッシュ値を受信者に送信する．受信者は，受け取った元データからハッシュ値を作成する．その後，受け取ったハッシュ値と作成したハッシュ値を比較する．比較した結果，2つのハッシュ値が同じなら，改ざんされていないことが確認できる．

12.2.3　公開鍵暗号

公開鍵暗号は，公開鍵と秘密鍵という2つの鍵のペアが必要である．この2つの鍵は，片方で暗号化したデータは，もう一方の鍵でしか復号できないという性質がある．

公開鍵暗号は，RSA暗号と呼ばれる暗号方式が事実上の標準となっている．

公開鍵と秘密鍵を作るのは，データ受信者である．データ受信者は，秘密鍵は他人に盗まれないように厳重に保管しておく．また，データ受信者は，データ送信者に，データを送信する

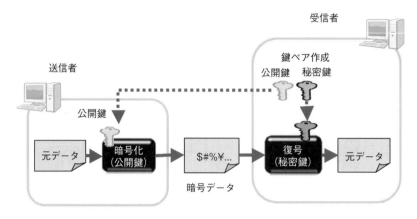

図 12.4　公開鍵暗号．

ときに使用する公開鍵を渡しておく（図 12.4）．データの送信者が，データを送信するとき，元データを公開鍵で暗号化して送る．データ受信者は，受け取った暗号データを秘密鍵で復号することで，元データを得ることができる．

　この方式は，共通鍵暗号と違って，公開鍵を秘密にする必要がないし，名前の通り公開しても問題はない．これは，公開鍵だけでは，暗号化できても，暗号化したデータを復号できないからである．

　データそのものを暗号化したいとき，通常，共通鍵暗号で暗号化される．共通鍵暗号は，公開鍵暗号より高速なので，大量のデータは共通鍵暗号で暗号化される．共通鍵暗号および公開鍵暗号は，データの盗聴を防ぐための，機密性を確保するために使用する．両者の暗号を組み合わせた活用事例は，12.5 節で後述する．

　公開鍵暗号は，データの受け渡しにおける相手の認証に使用できる．これは電子署名とよばれる．

　電子署名では，認証される側が秘密鍵と公開鍵の鍵ペアを作り，秘密鍵は自身で保管し，認証を実施する前に公開鍵を認証する側に渡しておく．認証される側は，適当なデータを秘密鍵で暗号化し，データとその暗号データを，認証する側に送る（図 12.5）．

　認証する側は，受け取ったこの暗号データを公開鍵で復号する．そして，受け取ったデータと復号したデータを比較し，一致すれば，相手は秘密鍵の持ち主であると確認できる．公開鍵で正しく復号できるということは，このデータがもう一方の鍵である秘密鍵で暗号化されたことを証明しているからである．

　電子署名は，否認防止に利用できる．認証される側の公開鍵でデータを復号できることは，このデータは，認証される側が秘密に取り扱う秘密鍵で暗号化したことを証明しており，このデータの内容を否認することができない．

　ただし，ここで実証できるのは，署名に使われた公開鍵に対応する秘密鍵を持つ主体によって署名が行われたということだけで，秘密鍵が自分のものではないと主張する可能性があるからである．これを防ぐためには，法的な根拠に基づいた公的に認められた第三者の組織が必要であり，これは不正対策の基盤である PKI に盛り込まれている．

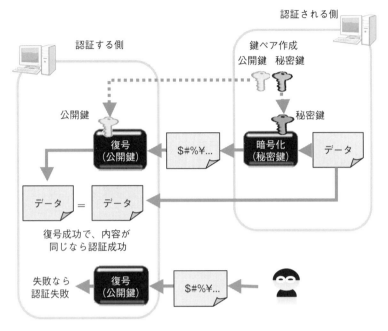

図 12.5 公開鍵による電子署名.

12.3 PKI

　PKI は，Public Key Infrastructure の略であり，「公開鍵基盤」と訳される．「公開鍵」の技術を用いることで，認証および否認防止といった様々な不正対策が実現できる．また，「基盤（インフラ）」とは組織や社会の土台のことを指す．つまり，PKI とは，誰もが意識せずに使用できるインフラを表している．PKI とは「公開鍵」暗号方式を利用した，不正対策の「基盤」である．

　電子商取引や通信を行うとき，相手および自分自身が本人であることを認証することが重要である．この目的のために考案された仕組みが PKI である．PKI では，「電子証明書」という証明書を発行し，本人であることを認証する．本人認証を確実に行うためには，法的な根拠に基づいた公的に認められた信頼できる第三者の組織が，その基盤を運用する必要がある．

　この運用組織を認証局（CA 局）とよぶ．認証局の主な役割である「電子証明書の登録」，「電子証明書の発行」および「電子証明書の検証」の業務内容について記述する（図 12.6）．

12.3.1 認証局の役割

(1) 電子証明書の登録

　認証局は，電子証明書の登録の申請を受け付け，申請者の本人性，申請情報に誤りがないかを確認する．確認が完了すると，電子証明書を作成し，認証局内に登録する．

　申請者の本人とは，通常，企業などの団体である．本人性確認のための方法として，団体の

142 ◆ 第12章 電子認証

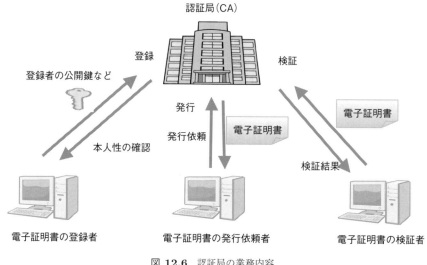

図 12.6　認証局の業務内容．

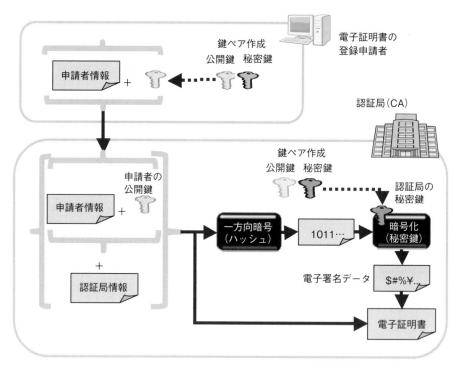

図 12.7　電子証明書の作成．

代表者に直接電話をかけて，その団体および申請した担当者が実在することを確認するなどの手続きがとられる．この際に，担当者などに申請情報の確認を行う．

　本人性確認が完了すると，電子証明書を作成する．電子証明書の作成の流れは次のようである（図12.7）．登録申請者は，公開鍵と申請者情報を，認証局に登録申請する．認証局は，登録

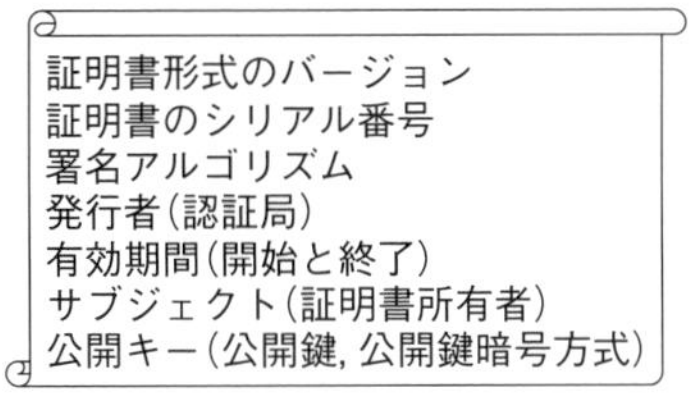

12.3 PKI ◆ 143

```
┌─────────────────────────────────────┐
│ 証明書形式のバージョン                    │
│ 証明書のシリアル番号                      │
│ 署名アルゴリズム                         │
│ 発行者(認証局)                          │
│ 有効期間(開始と終了)                     │
│ サブジェクト(証明書所有者)                │
│ 公開キー(公開鍵, 公開鍵暗号方式)          │
└─────────────────────────────────────┘
```

図 **12.8** 電子証明書の内容.

者の公開鍵と申請者情報に認証局情報を加えて，電子署名を行うために，一方向暗号を行ってハッシュ値を作成し，そのハッシュ値を認証局の秘密鍵で暗号化して，認証局の電子署名データを作成する．登録者の公開鍵，申請者情報，認証局情報および電子署名データが，電子証明書の構成要素である．

インターネットビジネスを運用するサーバにおいて，SSL 暗号通信が必要となった時，認証局に電子証明書の登録と発行を申請する必要がある．SSL 暗号通信で使用される電子証明書は，特に SSL サーバ証明書とよばれる．また，このときに発行申請する申請情報は，一般的に証明書署名リクエスト (CSR：Certificate Signing Request) とよばれる．

(2) 電子証明書の発行

認証局は，電子証明書の利用依頼に対して，電子証明書を発行する．また，定期的に電子証明書失効リストの作成，発行も行う．

電子証明書失効リスト (CRL：Certificate Revocation List) とは，有効期間内に失効された電子証明書の一覧である．電子証明書の所持者は，その電子証明書と CRL を照合することにより，証明書が現在も有効であるかどうか確認できる．

電子証明書は，期限内であっても，秘密鍵が盗まれたり，紛失することがある．このような場合に，電子証明書の登録者は，ただちに認証局に対して，失効の手続きを行う必要がある．

(3) 電子証明書の検証

認証局は，電子証明書の検証依頼に対して，真正性の確認を行う．具体的には，認証局の確認および有効性の確認を行う．

認証局の確認は，基本的に，電子証明書の構成要素である電子署名データをもとに，図 12.5 に示した電子署名の方法で検証を行う．有効性の確認においては，有効期間だけでなく，CRL と照合して証明書が現在も有効であるかどうか確認する．

12.3.2 X.509 証明書

電子証明書の標準として，ITU-T が策定した X.509 がある．X.509 電子証明書は，主に，図 12.8 の情報からなる．

電子証明書の内容は，ブラウザで確認することができる．インターネットのホームページを閲覧しているとき，通常 URL 欄は「http://...」であるが，ネットショップで認証や決済を行うとき，URL 欄が「https://...」に変わることがある．これは，電子証明書を利用した SSL

144 ◆ 第12章 電子認証

図 12.9 SSL 通信相手の電子証明書（インターネットエクスプローラによる）．

図 12.10 認証局の電子証明書（インターネットエクスプローラによる）．

暗号通信を行っていることを示している．インターネットエクスプローラの場合，URL 欄の右にある鍵マークをクリックすることで，電子証明書の内容を確認できる（図 12.9）．また，ブラウザは，SSL 暗号通信を行うなどの目的で，認証局が発行した認証局自身の電子証明書を保有しており，この情報もブラウザから確認できる（図 12.10）．

12.3.3 電子署名法

PKI に基づいた電子商取引を正式な商取引とするために制定された法律が「電子署名法」である．電子署名法は，正式名称を「電子署名及び認証業務に関する法律」といい，2000 年 5 月に制定，2001 年 4 月に施行された法律である．電子署名法によって，電子署名が紙の契約書で使う実印と同様に本物であることを証明できること，および認証機関の運用主体を民間に任せることができること，を規定している．

12.4 ユーザ認証

ネットショップにログインするなど，インターネットを利用するいろいろな局面で，私たちはユーザ ID とパスワードを入力している．自分を自分と認めてもらい，正当な立場でいろい

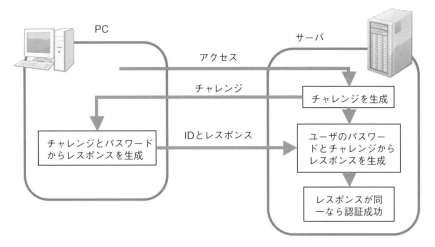

図 12.11 チャレンジ・レスポンス．

ろなサービスを利用するためである．

12.4.1 平文認証

ネットワーク上にそのままの形で ID とパスワードなどの認証情報を受け渡しする方法が平文認証とよばれる方式である．しかし平文認証には，ID とパスワードの組み合わせが，そのままネットワークを流れることで盗聴されるリスクがある．

12.4.2 チャレンジ・レスポンス

チャレンジ・レスポンス認証は，パスワード自体を送らずに認証する方法である（図 12.11）．

この認証方法では，サーバ（Web サーバ）とクライアント (PC) でパスワードと一緒に何らかの計算方法を決めておく．PC がアクセスしてきたら，サーバは適当な数値（チャレンジとよぶ）を返す．PC はチャレンジとパスワードを使ってあらかじめ決めておいた計算を行い，その結果（レスポンスとよぶ）と ID を送る．一方，サーバでも PC の ID からパスワードを引き出し，自分が送ったチャレンジを使って同じ計算をする．送られてきたレスポンスと計算結果が一致したら相手も同じパスワードを持っているとわかる．この方式ならパスワードがネットワークを流れないことと，レスポンスの値はチャレンジによって毎回変わるので，平文認証より安全性が向上する．

12.4.3 ワンタイム・パスワード

チャレンジ・レスポンス認証の問題点は，チャレンジやレスポンスがネットワークを流れることである．また，本人はパスワードを覚えているので，パスワードを他人に漏らしてしまう可能性もある．

こうした問題を回避するために使われるのが，ワンタイム・パスワードとよばれる方式であ

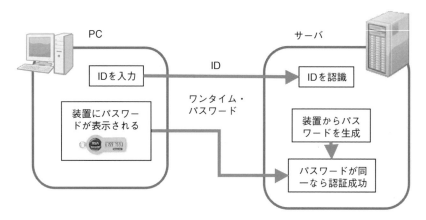

図 12.12　ワンタイム・パスワード．

「RSA SecurID」（RSA社　提供）

図 12.13　ワンタイム・パスワード生成装置．

る（図 12.12）．

　ユーザは，あるアルゴリズムに沿って動作する装置を携帯する（図 12.13）．この装置は，トークンなどとよばれ，一定の時間ごと（1 分ごとなど）の時刻から毎回異なるパスワードを生成する．ユーザがログインしたいときには，この装置に表示されたパスワードを入力する．サーバ側にも同じ仕組みを備えた装置があり，送られてきたパスワードが正しければユーザ本人であると認証する．

　パスワードはログインしようとするたびに違うので，盗聴で取得しても次にはもう使えないし，ユーザ本人すら使う瞬間までパスワードがわからないので，パスワードを他人に漏らしてしまう可能性もない．

12.4.4　生体認証

　生体認証とは，人間 1 人ひとりに固有の特徴，つまりその人物であると認識するに十分な身体的特徴を使って行う認証をいう．なりすましが非常にむずかしいなどのメリットがあるが，認証システムそのものが高価であったり，原本データの登録に手間を要するなどのデメリットもある．

　利用される生体情報としては，指紋（図 12.14），網膜（目の網膜の毛細血管のパターン），虹彩（虹彩パターンの濃淡値），顔，血管（手のひらの静脈），（図 12.14），音声（声紋）などがある．

指紋認証装置
「三菱電機 指透過認証装置
指透過 II 登録器 (REG-TP2)」
(三菱電機 提供)

静脈認証装置
(三菱東京 UFJ 銀行 提供)

図 12.14 生体認証装置.

12.5 活用例

この章で説明した技術を利用した活用例を示す．ここで紹介するのは，デジタル文書を安全に受け渡しする手順「電子署名」とインターネットにおいて安全な通信を可能とする「SSL」である．

12.5.1 電子署名された文書の受け渡し

電子証明書を使って，契約書などのデジタル文書に電子署名を行うことによって，デジタル文書を安全に受け渡しする手順を示す（図 12.15）．

電子署名とは，図 12.5 に示したとおり，認証する側がある暗号データを公開鍵で復号できることによって，このデータが認証される側の秘密鍵で暗号化されたものであることを確認，すなわち認証することである．この仕組みを利用することに加えて，文書の一方向暗号を行うことで文書自体が改ざんされていないことの確認，および電子証明書を利用することによる本人確認と文書の否認防止を行う．

文書送受信の手順は次のようである．文書の送信者は，デジタル文書のハッシュ値を作成し，このハッシュ値をデジタル文書の送信者の秘密鍵を使って暗号化する．これで秘密鍵の保管者以外の者がハッシュ値を変更することができなくなる．この暗号化したハッシュ値，送信したいデジタル文書，電子証明書をまとめて受信者に送付する．

デジタル文書の受信者は，まず受信した電子証明書の信ぴょう性を認証局で検証する．この電子証明書の本人確認と有効性確認ができたら，受信した暗号化済みのハッシュ値を，電子証明書に添付されている送信者の公開鍵で復号する．一方で，デジタル文書本体を一方向暗号化する．この両者のハッシュ値が等しければ，デジタル文書が改ざんされていないことが証明され，また，このとき利用した送信者の公開鍵は，信頼できる認証局によって検証されたものなので，送信者が内容を否認することも防止できる．

12.5.2 Web サイトの安全なアクセス方式

SSL (Secure Socket Layer) は，米国ネットスケープ・コミュニケーションズが開発した，

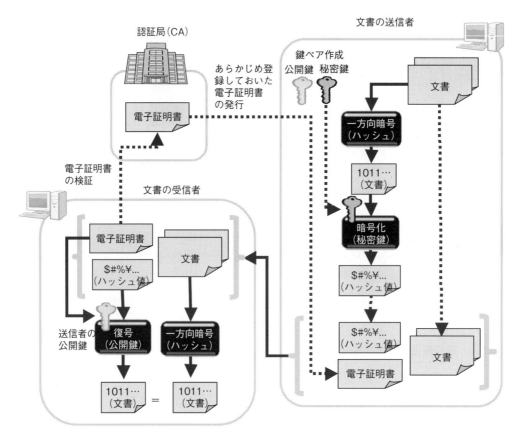

図 12.15　電子署名の手順.

インターネットにおける暗号通信を行うプロトコルである．以下に，SSL において，暗号化技術や PKI がどのように利用されているか，そのプロトコルの概要を示す（図 12.16）．

　Web ブラウザがサーバに SSL でアクセスしたときの手順の最初は，サーバ側からブラウザに認証局によって保証された電子証明書を送ることである．ブラウザは，この電子証明書の信ぴょう性を検証することで，サーバを認証する．

　次に，鍵交換とよばれる処理を行う．ブラウザは，後に使用する共通鍵の基（ランダムな値）を作る．この共通鍵の基を，受け取った電子証明書に含まれているサーバの公開鍵で暗号化して，サーバに送る．ここで利用する公開鍵暗号は，後に送受信のデータを共通鍵暗号で暗号化するために使用する共通鍵の基を交換するために使用される．共通鍵暗号では，通信の両側であらかじめ同じ鍵を持っている必要がある．この鍵の基を公開鍵暗号で暗号化して渡し，サーバおよび PC 両者で共通鍵の基から共通鍵を生成する．その後の PC とサーバ間の通信データのやり取りは，この共通鍵でデータを暗号化して行う．

　通信データそのものを公開鍵で暗号化することも考えられるが，公開鍵暗号は処理が遅いので，SSL のように，大量のデータを高速に暗号化する必要が場合には，公開鍵暗号は使用できない．

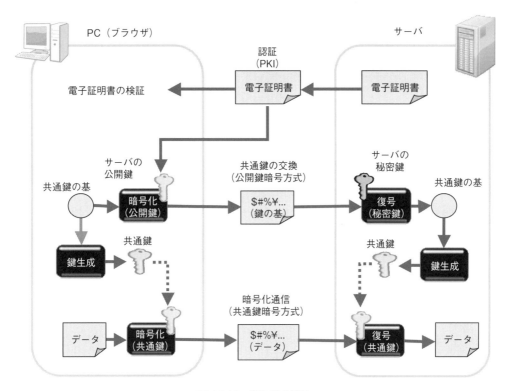

図 12.16 SSL 暗号通信.

　これで，PC 側は，信頼できるネットショップなどのサーバと安全な暗号通信ができるようになった．ただし，サーバ側は，PC を認証していない．認証が必要な場合は，暗号化通信のデータとして，ユーザ認証を実施する．ユーザ認証の方法には，平文認証，チャレンジ・レスポンス，ワンタイム・パスワードまたは生体認証がある．チャレンジ・レスポンス，ワンタイム・パスワードまたは生体認証を利用するのがより安全な認証方法であるが，SSL を利用する場合は平文認証でも ID とパスワードは，通信データとして暗号化されるので盗聴のリスクは少ない．平文認証は比較的運用が容易なことから，小口の決済などの処理において，SSL 通信上で，平文認証を利用する方法が取られることが多い．

150 ◆ 第 12 章 電子認証

演習問題

設問 1 以下の (a) から (g) までに適当な言葉を埋めて，文章を完成せよ．

暗号方式には，(a)，(b) および (c) がある．(a) と (b) は，共に，データを暗号化して送付し，受信側で復号して利用する暗号方式で，(d) を防止するために使用される．(c) は，元データがどんな大きさでも一定の長さの短いデータに暗号化され，決して元に戻せないという特徴がある．(c) は，その特徴を生かしてデータの (e) を検出するために使われる．(b) は，データの受け渡しにおける相手の (f) や (g) 防止の目的で使用される．

設問 2 以下の (a) から (e) までに適当な言葉を埋めて，文章を完成せよ．

ユーザ認証には，(a)，(b)，(c) および (d) がある．(a) は，ID とパスワードを使用した最も単純な認証方式であり，盗聴のリスクがあるので，(e) 暗号通信と組み合わせて利用されることが多い．(b) は，身体的特徴を使って行う認証をいう．(c) は，トークン（パスワード生成器）を使って，ログインごとにパスワードを変える認証方式である．

設問 3 認証局の 3 つの役割とその内容について示せ．

設問 4 電子証明書の 4 つの構成要素を示せ．

設問 5 SSL における，公開鍵暗号と共通鍵暗号の役割を，それぞれ示せ．

参考文献

[1] 日経 NET WORK：暗号と認証（基礎から身につくネットワーク技術シリーズ），日経 BP社 (2004).

[2] 秋本芳伸, 岡田泰子, ワイツープロジェクト：図解で明解 公開鍵暗号と PKI のしくみ（図解で明解シリーズ），毎日コミュニケーションズ (2003).

[3] 飯田 耕一郎, KPMG ビジネスアシュアランス, 日本品質保証機構電子署名認証調査センター：知っておきたい電子署名・認証のしくみ—電子署名法でビジネスが変わる，日科技連出版社 (2001).

[4] 相戸 浩志：図解入門 よくわかる最新情報セキュリティの基本と仕組み—基礎から学ぶセキュリティリテラシー (How‐nual Visual Guide Book)，秀和システム (2010).

[5] 牧野 二郎, 城所 岩生, 日本ボルチモアテクノロジーズ：電子認証のしくみと PKI の基本，毎日コミュニケーションズ (2003).

[6] 小松 文子：PKI ハンドブック，ソフトリサーチセンター (2004).

[7] 日経 BP 社 ITpro：情報セキュリティ入門.
  http://itpro.nikkeibp.co.jp/article/COLUMN/20060214/229302/

[8] IPA（独立行政法人情報処理推進機構）：PKI 関連技術解説.
  http://www.ipa.go.jp/security/pki/index.html

[9] アイティメディア社@IT：PKI 基礎講座.
  http://www.atmarkit.co.jp/fnetwork/rensai/pki01/pki01.html

第13章
インターネットビジネスの倫理と法律

□ 学習のポイント

インターネットビジネスの倫理と法律の部分について学ぶ．インターネットビジネスでの倫理全般と知的財産権，著作権，個人情報保護法などの様々な基本的な法律を理解する．

- インターネットビジネスの光の部分について理解する．
- インターネットビジネスの影の部分について理解する．
- 知的財産権や著作権について理解する．
- 個人情報保護法について理解する．
- インターネットビジネスで適用される主な法律を理解する．

□ キーワード

ネット犯罪，ネチケット，知的財産権，ソフトウェア著作権，個人情報保護法，匿名性，プライバシーマーク，OECD8 原則

13.1 インターネットビジネスの光と影

現代社会はあらゆる情報がデジタル化され，インターネットで瞬時に情報を伝播できる時代となった．情報の入手と活用が容易である反面，ネット犯罪，情報漏えいやウイルスなどの問題も広がっている．具体例を挙げて，急速に発展する情報化社会での光（メリット）と影（デメリット）をクローズアップしながら，「インターネットビジネスの光と影」について取り上げる．

13.1.1 インターネットビジネスの光の部分

インターネットビジネスの B to B では企業間取引の効率＝コスト，スピード＝時間，品質などが飛躍的に向上した．かつては，見積書，注文書，請求書などを提出する際には紙ベースであったが，メールや Web によって徐々に電子文書ファイルや電子データとなっている．仕事が飛躍的に効率化してきた．また，B to C でも実店舗での買い物以外にネットであらゆるものを買えるようになった．店と顧客の両方に販売や購入の利便性が高められた．デジタルコンテンツ（音楽，動画，写真，ゲームソフトなど）を安価でスピーディに手に入れることができ

13.2 情報倫理と法 ◆ 153

るようになった．パソコン，携帯電話，情報家電など，様々なデジタル機器がインターネットにつながり，インターネットビジネスの環境や範囲が拡大し続けている．

13.1.2　インターネットビジネスの影の部分

インターネット上の機密情報や個人情報などの情報漏えいの問題がクローズアップされている．漏えいした情報が悪用されて被害を受けたニュースなどは日常茶飯事となっている．また，音楽，動画，写真，ゲームソフトなどのデジタルコンテンツの違法コピーは後を絶たず，著作権問題が発生している．さらにコンピュータへの違法アクセスやウイルスによる被害やネット上の掲示板での誹謗中傷なども多い．このようにインターネット環境下でネット犯罪対策，セキュリティ対策やモラル教育の必要性など様々な課題が拡大している．

13.2　情報倫理と法

13.2.1　情報倫理とは

情報倫理とは，インターネットやIT機器を利用するときのユーザのモラルやマナーである．ITが現代社会に急速に拡大浸透している．とりわけ，インターネットビジネスにおいては，現実のビジネスとは異なり，ネット上のバーチャル空間でのビジネスであるため，新たな倫理感が必要となる．違法行為をしないことや著作権を侵害しないなど，法律を守るための基本知識が必要となる．また，広範囲なインターネットビジネスにおいて関係先に迷惑をかけないためのモラルでもあり，加害者にならないための基本的なビジネスのルールである．一方，インターネットビジネス上の過失や盗難などによる個人情報漏えい，ウイルスの感染などや不正アクセスに対するセキュリティ対策などのリカバリ対策などは，ハードウェアやソフトウェア資産を守り，被害を拡大しないための防御手段である．情報倫理と情報セキュリティ対策は密接な関係であるが，インターネット上の詐欺や誹謗中傷などからの被害を防ぐには，利用者に情報倫理感を持ってもらうと共に，自己の防御手段として，情報セキュリティ対策が不可欠となる．

インターネットビジネスにおいて，気づかないうちに他人に迷惑をかける加害者にならないための情報倫理教育と，被害者にならないようにするための情報セキュリティ対策を行うことが必要である．また，知らぬ間に第三者への加害者になっていることもある．例えば，インフルエンザの感染のように，自分のパソコンがウイルスに感染したときは被害者であるが，さらに第三者へウイルスが伝染していくと第三者から見れば自分は加害者になる．情報セキュリティ対策を行うことがワクチンの接種と同様に，情報倫理として不可欠な防御手段である．

13.2.2　ネット上のマナー

インターネットでメールやWebによって，情報発信する際のエチケットはネチケットとよばれているが，インターネットビジネスにおいては，現実のビジネスと同様のビジネスマナーに加えて，関係先に迷惑をかけない情報倫理とIT技術者などに求められる職業倫理がある．こ

こでは，インターネットビジネスにおいて被害者や加害者にならないための対策を述べる．

(1) ネチケットとその影響度

　インターネットビジネスにおけるネチケットについての主なポイントは次の通りである．

- 関係先へのメール本文で発信者名，宛先名を明記し，最初に簡単な挨拶文を入れる．
- 関係先の個人情報を許可無しに Web に掲載せず，情報漏えいに気をつける．
- Web で情報公開するときには，著作権を侵害していないかに気をつける．
- Web で公開したい情報が誰でも見られるようになっているかまたは，機密情報は公に誰もが見ることができないようになっているか，などの細かな配慮をする．

(2) ミスの影響度の広がり

　インターネットビジネスでは，現実のビジネスよりも関係先を含めた第三者へ広範囲な影響が，瞬時に伝播していく．例えば，メールの宛先の誤りで取引先以外の第三者へ発信し，大事な情報を漏えいしてしまったケースなどがある．この場合，容易に多数の宛先へメールを発信できるため，誤発信しやすいことと，取り消しがきかないことが問題である．

(3) 取引先の信用問題

　インターネットビジネスでは，実名が明記されていても会ったことがない関係先も多く，取引相手の実体が不明である．現実のビジネスでは，信頼関係のない取引先や信用調査などで不安に感じた相手とは取引はしない．インターネットでは，信用できるショッピングサイトかどうかや購入先が大丈夫かどうかを判断することがむずかしい．また，多くのサイトが増え続ける中で，信用調査することもむずかしい．運営者サイトと商品などの比較評価や評判サイトでも評価者が不明であることが多いため，真実の評価なのかをすべて信用できる情報とは限らない．

(4) セキュリティ対策の責任

　企業が関係先の情報を様々なトラブルによって漏えいし，ウイルスに感染させるようではビジネス上の信用を失うことになる．常に情報漏えい対策を図り，アンチウイルスソフトの更新や電子メールの発信元をチェックして添付ファイルの開封に注意するなどして，セキュリティ対策に責任を持つことが大切である．

13.3　知的財産権

(1) 知的財産権とは

　知的財産権とは，発明や著作など，知的成果に対する権利や商標など，営業上の無形の財産を保護する権利である．ネットショッピングの商品であるソフトやデジタルコンテンツなどを無断でコピーされたら，著作者の収入が得られない．発明した特許技術を無断で利用されたのでは，発明者の特許料が得られない．著作者や発明者の権利が与えられることで，著作物や特許内容を公表しても著作者や発明者の利益を確保できる．

　知的財産権（知的所有権）は，図 13.1 に示すような種類がある．この中でインターネットビジネスに関係する主な知的財産権を紹介する．

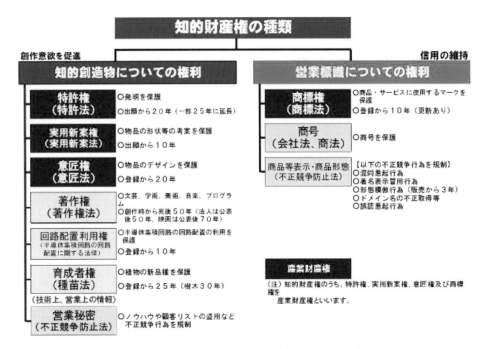

図 13.1　知的財産権の種類（出典：特許庁ホームページ [1]）．

- 著作権

  著作権法では，「著作者の権利及びこれに隣接する権利を定め，これらの文化的所産の公正な利用に留意しつつ，著作者等の権利の保護を図り，もって文化発展に寄与することを目的とする」（第1条抜粋）の法律である．文化の発展に寄与するために，多くの著作物を活用できるように著作者の権利を保護するため著作権法がある．著作物に関する権利を保護されている著作物とは，「思想又は感情を創作的に表現したものであって，文芸，学術，美術又は音楽の範囲に属するもの」で，プログラム（プログラム言語そのもの，規約，解法，アルゴリズムを除く）は著作物である（第10条）．大量の情報やデータを抽出加工し，体系的に編成したデータベース構造は著作物で，データベースに格納されたデータそのものは対象外である．

- 工業所有権

  発明や工夫などを対象とする特許法と実用新案法や，商品などのデザインや商品などのマークを対象とする，意匠権法と商標権法がある．その他，営業秘密を対象にした不正競争防止法がある．

- 特許権

  ビジネス方法に係る発明に与えられる特許全般をビジネスモデル特許という．コンピュータのソフトウェアを使ったビジネス方法に係る発明にも特許が与えられる．これらのビジネス方法の発明はビジネス関連発明または，ビジネスモデルに関する発明とよばれる．これらの特許は，ビジネスモデル特許や，ビジネス方法特許または，ビジネスの方法に関す

156 ◆ 第13章 インターネットビジネスの倫理と法律

る特許とよばれる.

(2) インターネット上の著作権侵害

　Web掲載やブログなどは，世界中のインターネット利用者が閲覧できる．インターネットは，新聞や放送などのメディアと比較しても広範囲で多数の関係者へ情報発信が可能で，著作権の問題が特に重要となっている．インターネット利用者は，Web掲載内容の著作権侵害の意識が必要であるが，知らないうちに著作権を侵害していることもある．

(3) 不正利用の課題

　一般家庭にパソコン，モバイル機器などデジタル機器が普及しているため，写真，動画，音楽やゲームソフトなどのデジタルコンテンツを容易に高速コピーし，インターネットで簡単に配信できる．ファイル共有ソフトなどによる不正利用が増大している．デジタルコンテンツは，パソコンで容易にコピーでき，オリジナルからコピーしても品質が劣化しない．ブロードバンドの高速化の進展で，動画，音楽などの大容量データを短時間で送受信できる．さらにUSBメモリなどの大容量記憶装置や固定ディスクの容量が安価で大容量化しているため，不正コピーが容易に行える．これらの課題に対抗して各種の不正コピー防止策が取られている．

13.4　個人情報保護

(1) 個人情報保護法の目的

　個人情報保護法の目的は，「この法律は，高度情報通信社会の進展に伴い個人情報の利用が著しく拡大していることにかんがみ，個人情報の適正な取り扱いに関し，基本理念および政府による基本方針の作成その他の個人情報の保護に関する施策の基本となる事項を定め，国および地方公共団体の責務等を明らかにすると共に，個人情報を取り扱う事業者の遵守すべき義務等を定めることにより，個人情報の有益性を配慮しつつ，個人の権利利益を保護することを目的とする」（第1条）と示されている．個人情報の利用を制限することだけが目的ではなく，個人情報の活用を促進するためにも，個人情報の取り扱いに法的なルールが設けられている．

(2) 個人情報とは

　個人情報とは，生存する個人に関する情報であって，当該情報に含まれる氏名，生年月日その他の記述等により特定の個人を識別することができるもの（ほかの情報と容易に照合することができ，それにより特定の個人を識別することができることとなるものを含む）をいう．

(3) 個人データ

　個人データとは個人情報データベース等を構成する個人情報をいう．「個人情報データベース等」とは，「個人情報を含む情報の集合物であって，次に掲げるものをいう．　特定の個人情報が電子計算機を用いて検索することができるように体系的に構成したもののほか，特定の個人情報を容易に検索することができるように体系的に構成したものとして政令で定めるものである」（個人情報の保護に関する法律 第2条より）これらに目次索引その他検索を容易にするた

めのものを有するもの」を加えることで，個人情報データベースなどとなる．同窓会名簿や成績表など，個人情報を一定の規則（五十音順，年月日順など）に従って整理・分類した書類や，一定の規則で保管した名刺の束なども個人情報データベースになる．個人情報取扱事業者が開示，訂正などの権限を有する個人データを保有個人データといい，「個人情報取扱事業者が，開示，内容の訂正，追加又は削除，利用の停止，消去および第三者への提供の停止を行うことのできる権限を有する個人データであって，その存否が明らかになることにより公益その他の利益が害されるものとして政令で定めるもの又は1年以内の政令で定める期間以内に消去することとなるもの以外のもの」をいう．保有個人データに関しては，本人から請求があったときには，訂正や削除を行う責任がある．平成27年の改正個人情報保護法により，特定の個人を識別できないようにした「匿名加工情報」を自由に利用できるようにした．

(4) 個人情報取扱事業者

個人情報データベース等を事業の用に供している事業者を個人情報取扱事業者とよぶ．「事業の用」とは，業務の一環として用いることである．例えば，従業員の人事管理表なども事業の用であるので，従業員の個人情報も個人データになる．平成27年の改正個人情報保護法により，取扱件数と関係なく小規模事業者にも個人情報保護法の規定が適用されるようになった．

(5) 個人情報とプライバシーの分類

一般に個人情報は，次のように分類される．
- 公知情報：氏名や住所，電話番号など，一般的に公表しているもの
- 非公知情報：職業，家族構成や学歴など，あまり公表したくないもの
- 機密情報：思想，宗教，病歴，犯罪歴など，秘密にしたいもの

一方，プライバシーとは，他人から個人の平穏を侵害されない自由という意味で，インターネット上の個人情報へアクセスを制限する権利であり，個人情報保護と同義語である．

(6) 個人情報保護の必要性

情報公開で，スパムメールや電話で勧誘などを受けることが多くあり，誹謗中傷の対象にもなる．インターネットでの会員加入や商取引で，多様な個人情報を登録することが増え，サイト管理者の過失で漏えいし，トラブルが多発している．自分の個人情報を守るだけでなく，他人の個人情報を保護することも重要である．Webページやブログなどに友人の情報を掲載し，友人が迷惑を被ることがある．インターネットビジネスにおいて個人情報の保護は必要である．

(7) OECD8原則

経済のグローバル化やITの進展によって，欧州各国などで個人情報の保護について国際的に必要性が広まった．1980年にOECD（経済協力開発機構）理事会は，「プライバシー保護と個人データの国際流通についての勧告」を出した．OECD8原則などの世界的な個人情報保護の動きは，インターネットの世界的な普及によって，個人情報活用の多様化と，それに伴う個人情報の不適切な使用の問題が顕在化してきた．OECD8原則は下記の内容である．

1 目的明確化の原則：収集目的を明確にし，データ利用は収集目的に合致するべきである．

2 利用制限の原則：データ主体の同意がある場合，法律の規定による場合以外は目的以外に利用使用してはならない．

3 収集制限の原則：適法・公正な手段により，かつ情報主体に通知又は同意を得て収集されるべきである．

4 データ内容の原則：利用目的に沿ったもので，かつ，正確，完全，最新であるべきである．

5 安全保護の原則：合理的安全保護措置により，紛失・破壊・使用・修正・開示等から保護するべきである．

6 公開の原則：データ収集の実施方針等を公開し，データの存在，利用目的，管理者等を明示するべきである．

7 個人参加の原則：自己に関するデータの所在および内容を確認させ，又は意義申立を保証するべきである．

8 責任の原則：管理者は諸原則実施の責任を有する．

(8) 個人情報保護法

　我が国では，OECD による「プライバシー保護と個人データの国際流通についての勧告」が個人情報保護法の基礎になって，2003 年に図 13.2 の個人情報保護法（個人情報の保護に関する法律）が成立し，2005 年から全面施行された．

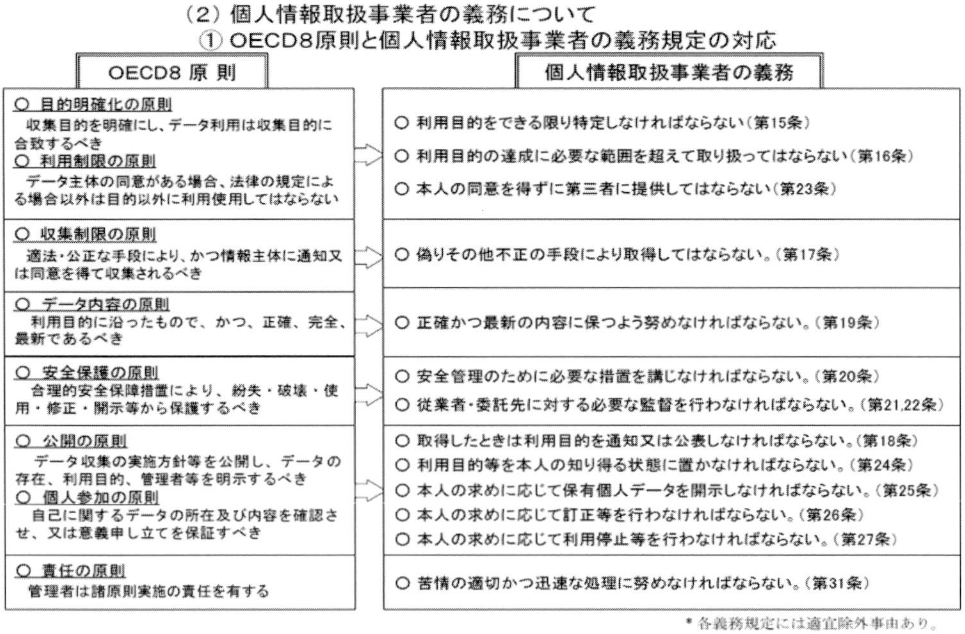

（2）個人情報取扱事業者の義務について
① OECD8原則と個人情報取扱事業者の義務規定の対応

OECD8 原 則	個人情報取扱事業者の義務
○ 目的明確化の原則 　収集目的を明確にし、データ利用は収集目的に合致するべき ○ 利用制限の原則 　データ主体の同意がある場合、法律の規定による場合以外は目的以外に利用使用してはならない	○ 利用目的をできる限り特定しなければならない（第15条） ○ 利用目的の達成に必要な範囲を超えて取り扱ってはならない（第16条） ○ 本人の同意を得ずに第三者に提供してはならない（第23条）
○ 収集制限の原則 　適法・公正な手段により、かつ情報主体に通知又は同意を得て収集されるべき	○ 偽りその他不正の手段により取得してはならない。（第17条）
○ データ内容の原則 　利用目的に沿ったもので、かつ、正確、完全、最新であるべき	○ 正確かつ最新の内容に保つよう努めなければならない。（第19条）
○ 安全保護の原則 　合理的安全保障措置により、紛失・破壊・使用・修正・開示等から保護するべき	○ 安全管理のために必要な措置を講じなければならない。（第20条） ○ 従業者・委託先に対する必要な監督を行わなければならない。（第21,22条）
○ 公開の原則 　データ収集の実施方針等を公開し、データの存在、利用目的、管理者等を明示するべき ○ 個人参加の原則 　自己に関するデータの所在及び内容を確認させ、又は意義申し立てを保証すべき	○ 取得したときは利用目的を通知又は公表しなければならない。（第18条） ○ 利用目的等を本人の知り得る状態に置かなければならない。（第24条） ○ 本人の求めに応じて保有個人データを開示しなければならない。（第25条） ○ 本人の求めに応じて訂正等を行わなければならない。（第26条） ○ 本人の求めに応じて利用停止等を行わなければならない。（第27条）
○ 責任の原則 　管理者は諸原則実施の責任を有する	○ 苦情の適切かつ迅速な処理に努めなければならない。（第31条）

＊ 各義務規定には適宜除外事由あり。

図 **13.2**　個人情報保護法（出典：消費者庁ホームページ [4]）．

(9) プライバシーマーク制度

　プライバシーマーク制度は，事業者が適切に個人情報を扱う体制を確立していることを認定する制度である．日本工業規格「JIS Q 15001 個人情報保護マネジメントシステム―要求事項」に適合して，個人情報について適切な保護措置を講ずる体制がある事業者等を認定して，そのことを示すプライバシーマークを付与し，事業活動に関してプライバシーマークの使用を認める制度である．プライバシーマークの認定は，法律の規定を包含する JIS Q 15001 に基づいて第三者が客観的に評価する制度であることから，事業者にとっては法律への適合性と併せて，自主的により高い保護レベルの個人情報保護マネジメントシステムを確立し，運用していることをアピールできる．

13.5 インターネットビジネスで適用される主な法律

13.5.1 法律全般

　インターネットビジネスに関連する主な法律を下記に挙げる．

(1) 高度情報通信ネットワーク社会形成基本法（IT 基本法）
　　高度情報通信ネットワーク社会形成のための人材の育成，電子商取引の促進や電子政府および電子自治体等の推進等を定めている．

(2) 不正アクセス行為の禁止等に関する法律（不正アクセス禁止法）
　　不正アクセス行為を禁止すると共に罰則・再発防止のための措置を定めることにより，高度情報通信社会の健全な発展に寄与することを目的としている．

(3) 電子消費者契約および電子承諾通知に関する民法の特例に関する法律（電子契約法）
　　電子商取引の契約成立時期を発信主義から到達主義に転換し，電子消費者契約における錯誤無効制度の特例として，消費者の契約無効の主張に対する事業者の重過失反証の制限を定めている．

(4) 電子署名および認証業務に関する法律（電子署名法）
　　電子署名とその認証に関する規定を定め，電子署名が手書き署名や押印同様に通用する法的基盤を整備することで，情報流通の円滑化を図った法律である．この法律によって，一定の電子署名をされた電子的文書は，手書き署名や押印をされた文書と同程度の法的効力を持つようになった．電子署名の普及による情報流通の円滑化，手続きの簡素化により，電子商取引による経済活動の発展を促進することも目的である．

(5) 特定電気通信役務提供者の損害賠償責任の制限および発信者情報の開示に関する法律（プロバイダ責任法）
　　特定電気通信による情報の流通に権利の侵害があった場合について，プロバイダ等の損害賠償の制限および発信者情報の開示を請求する権利について定めている．

(6) 著作権法
　　著作物に対する権利，いわゆる著作権を定めたものであり，権利者には著作権者と著作隣

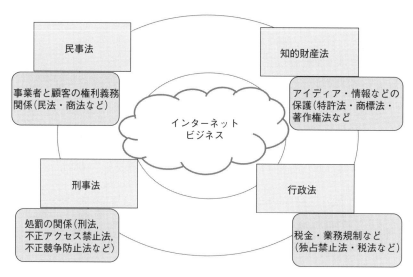

図 13.3 インターネットビジネスで適用される法（文献 [2] より作成）．

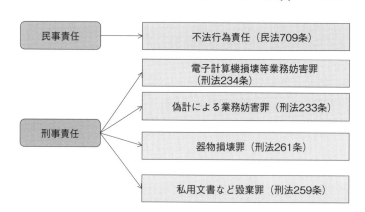

図 13.4 コンピュータウイルスを感染させた場合の法的責任（文献 [2] より作成）．

接権者がある．
(7) 特定商取引に関する法律（特定商取引法）

通信販売業者の表示義務などを定めたものである．また，ネットオークションにおける販売業者に係るガイドラインによってネット上の取引の適正化を促進している．
(8) 特定電子メールの送信の適正化等に関する法律（迷惑メール防止法）

広告の送信を請け負っているメールを大量に送信するメール送信代行業者を規制するものである．送信者情報を偽った送信の禁止と違反者に対する直罰規定の導入等規制している．

13.5.2 不正アクセスなどの法律

インターネットビジネスでは，図 13.3 と図 13.4 に示されるような法律も適用される．

(1) 不正アクセス禁止法

不正アクセス行為に対する法規制であり，アクセス制御機能が整備されているコンピュータに対して，ネットワーク経由での不正アクセスを禁止する法律である．ネットワークにつながる，アクセス制御を実施しているコンピュータに，ネットワーク経由で他人の ID・パスワードを利用して不正にログインすることや，セキュリティホールの網の目を潜った不正なログイン，故意に踏み台を使った攻撃なども不正アクセス行為である．また，ID・パスワードを不正に取得，提供することもこれに該当する．不正アクセスによる被害として，次の例がある．

① 「不正侵入」　　　　　　　：コンピュータ・ネットワークに不正にアクセスして侵入
② 「不正コンピュータ操作」：侵入したコンピュータを不正に操作
③ 「不正情報入手」　　　　　：侵入したコンピュータ内部の情報を不正に入手

(2) 不正コンピュータ操作

コンピュータに不正に侵入して不正コンピュータ操作した場合の法規制について，刑法が各種犯罪類型を定めている．

- 電磁的記録不正作出，供用罪

  銀行のコンピュータに侵入して預金残高記録を改ざんする行為など．
- 電磁的記録毀損罪

  権利・義務に関する他人の文書・電磁的記録を毀棄する行為を犯罪とする．
- 電子計算機損壊等業務妨害罪
- 電気計算機使用詐欺罪
- 電気通信役務提供妨害罪

(3) 不正情報入手

コンピュータに不正に侵入して内部の情報を不正に入手した場合の法規制である．

- 窃盗罪
- 不正競争防止法

営業秘密の不正取得，不正使用および不正開示を不正競争行為と定義し，営業上の利益を侵害された者に，差止請求権，損害賠償請求権および信用回復措置請求権を認めている．

インターネットビジネスにおいても営業秘密は不正競争防止法で保護されている．不正競争防止法は事業者間において正当な営業活動を尊守させることにより適正な競争を確保するための法律である．営業秘密とは，秘密として管理されていることと，技術上，営業上で有用な情報であることで，公表されていないことである．

(4) その他

インターネット異性紹介事業を利用して児童を誘引する行為の規制等に関する法律の出会い系サイト規制法や，迷惑メール対策法などもインターネット上で多発するトラブル対策として

の法律である.

13.6 電子商取引における刑事責任の例

表 13.1 になりすましによる詐欺,不正アクセス,著作権侵害,名誉棄損,業務妨害などの罪に対する刑罰の例を示す.

表 13.1 電子商取引における刑事責任の例(文献 [2] より作成).

行為	罪	刑罰
なりすまし,雲隠れ	詐欺罪(刑法 246 条)	10 年以下の懲役
認証事業者に不実の鍵を登録	電子署名・認証違反(刑法 41 条)	3 年以下の懲役または 200 万円の罰金
他人の ID パスワードを無断で使用しアクセス	不正アクセス禁止法違反(刑法 8 条)	50 万円以下の罰金
著作権の承諾なくして他人の著作物を複製,公衆送信し故意に著作権を侵害	著作権法違反(刑法 119 条)	3 年以下の懲役または 300 万円の罰金
他人の名誉を毀損する事実掲載	名誉棄損罪(刑法 230 条)	3 年以下の懲役または 50 万円の罰金
虚偽の風説を掲載し,経済的信用を毀損,業務妨害	信用毀損罪,業務妨害罪(刑法 233 条)	3 年以下の懲役もしくは禁錮または 50 万円の罰金
わいせつな文書,画像を掲載	わいせつ物公然陳列罪(刑法 175 条)	2 年以下の懲役または 250 万円の罰金または科料

13.7 IT 基本法

正式名称は「高度情報通信ネットワーク社会形成基本法」である.総理大臣の諮問機関である IT 戦略会議が作成した IT 基本戦略をベースにしている.2000 年 11 月 29 日に成立し,2001 年 1 月 6 日に施行された.基本理念として,「すべての国民が,高度情報通信ネットワークを容易に利用でき,かつその利用の機会を通じて個々の能力を最大限に発揮することで,情報通信技術の恩恵を受けられる社会の実現」を掲げる.具体的に下記に示す.

- 世界最高水準の高度情報通信ネットワークの形成
- 国民の情報活用能力の向上および専門的人材の育成
- 規制改革,知的財産権の適正な保護・利用等を通じた電子商取引の促進
- 電子政府,電子自治体の推進
- ネットワークの安全性および信頼性の確保,個人情報の保護

などを施策の基本方針とする.

13.8 情報セキュリティに関する 9 つの原則

情報セキュリティマネジメントシステムの構築に対する 2002 年 OECD（経済協力開発機構）によって採択された情報システムのセキュリティに対する 9 つの原則がある．（情報処理復興事業協会セキュリティセンター：OECD 情報セキュリティ・ガイドライン見直しに関する調査報告）

I. 認識の原則　（Awareness）
参加者は，情報システムおよびネットワークのセキュリティの必要性並びにセキュリティを強化するために自分達にできることについて認識すべきである．

II. 責任の原則　（Responsibility）
すべての参加者は，情報システムおよびネットワークのセキュリティに責任を負う．

III. 対応の原則　（Response）
参加者は，セキュリティの事件に対する予防，検出および対応のために，時宜を得たかつ協力的な方法で行動すべきである．

IV. 倫理の原則　（Ethics）
参加者は，他者の正当な利益を尊重するべきである．

V. 民主主義の原則　（Democracy）
情報システムおよびネットワークのセキュリティは，民主主義社会の本質的な価値に適合すべきである．

VI. リスクアセスメントの原則　Risk assessment
参加者は，リスクアセスメントを行うべきである．リスクアセスメントとは，セキュリティ上の脅威と脆弱性を識別し，リスクの許容できるレベルの決定やリスクを管理するための措置の選択を支援するもの．

VII. セキュリティの設計および実装の原則 (Security design and implementation)
参加者は，情報システムおよびネットワークの本質的な要素としてセキュリティを組み込むべきである．

VIII. セキュリティマネジメントの原則　（Security management）
参加者は，セキュリティマネジメントへの包括的アプローチを採用するべきである．

IX. 再評価の原則　（Reassessment）
参加者は，情報システムおよびネットワークのセキュリティのレビューおよび再評価を行い，セキュリティの方針，実践，手段および手続に適切な修正をすべきである．

本章では，IV. 倫理の原則 (Ethics Principle) にフォーカスしているが，V. 民主主義の原則 (Democracy) で情報システムおよび情報システムセキュリティは，民主主義社会の本質的な価値に適合すべきとしている．

164 ◆ 第 13 章 インターネットビジネスの倫理と法律

13.9 契約の成立

　契約は，当事者の意思の合致で成立する．このため，一方が申し込みをし，相手がその申し込みに対して承諾することが必要である．インターネットを利用したサイトでの申し込みの場合には，販売する側の注文を受ける行為，通常は注文受付の電子メールが承諾になる．販売側が出した電子メールが申し込みした客に届かなかった場合はどうなるか．平成 13 年の電子消費者契約法にて，ネット契約では，意思表示は到達した時に効力が生じる（到達主義）と定められた．したがって，店側から受注メールが届かなければ契約は成立しない．しかし，何を持ってメールが届いたかについて明確な判断がない．

① プロバイダのサーバに到達した時，でも，ユーザには届いていない．
② 利用者がパソコンへダウンロードした時，でも，ユーザは見ていないかもしれない．
③ 利用者がメールを見た時，見たという証拠はどうやって証明するのか．

　顧客がサイト上で注文を出したのに対し，店側がメール等で注文を受けた旨の返事をせずに直接商品を発送してきた場合は，商品の発行行為そのものが店側の承諾の意思表示といえるので，商品の発送または到達により契約が成立する．事業側が操作ミスを防止する処置を講じている場合は無効を主張できない．平成 13 年の電子消費者契約法においては，クリックミスや入力ミスの場合には，申し込みした客に重大な過失があった場合でも，操作ミスによる契約について無効だと主張することができるようになった．ただし，事業者側が購入意思の確認画面や，購入内容の確認画面を置くなど，操作ミスを防止する処置を講じている場合には，購入者は無効を主張できない．

　また，インターネット契約で「なりすまされて」契約された場合，この契約は無効か?当事者の意思の合致がないため無効である．しかし，本人の ID，パスワードの管理が悪いことが原因で，なりすまされた場合には無効を主張できない．本人の ID，パスワードの管理が悪く情報が漏えいし，店側に損害が発生した場合には，無効を主張できないばかりか，客がその損害を賠償すべき義務がある．ネット取引では，電子メール等の電子データを契約書，注文書，注文請書などに代わる後日の証拠とする．相手の見えないネット取引において，送信者が誰であるかを確認する手段が必要となる．そこで成立したのが電子署名法である．

演習問題

設問1　知的財産権とはどのような体系でどのような目的があるかを記述しなさい．

設問2　インターネット以外の著作物と比較してインターネット上の著作権侵害が何故，頻発するのか?

設問3　個人情報の定義と個人情報保護法の目的を記述しなさい．

設問4　不正アクセスとはどのような行為であるかを述べよ．

設問5　ネットショッピングでの契約の成立とはどのような時点であるかを述べよ．

参考文献

[1] 特許庁ホームページ：産業財産権の概要「知的財産権について」(2011).
http://www.jpo.go.jp/seido/s_gaiyou/chizai02.htm

[2] 中島章智（編著）：図解 e ビジネス・ロー —勝ち組になるための法律知識，弘文堂 (2001).

[3] 社団法人 情報サービス産業協会：知的財産権法．http://www.jisa.or.jp/legal/ip.html

[4] 消費者庁：個人情報の保護．http://www.caa.go.jp/seikatsu/kojin/index.html

[5] 木暮仁：教科書 情報倫理—高度情報化社会の発展と情報倫理，情報セキュリティ，日科技連 (2008).

[6] 小国力：情報社会の基盤，丸善 (2003).

[7] 松田政行凰：よくわかる個人情報保護法，日刊工業新聞社 (2005).

[8] 特許庁：ビジネス活件化のための知的財産活川，（社）発明協会 (2004).

[9] アイテック情報技術研究所：コンピュータシステムの基礎，アイテック (2007).

[10] 猪平進：ユビキタス時代の情報管理概論』，共立出版 (2004).

[11] 山田肇（監）：Information 情報教育のための基礎知識，NTT 出版 (2003).

[12] NPO 日本ネットワークセキュリティ協会：2006 年情報セキュリティインシデントの関する調査報告書 (2007).

[13] 社）情報処理学会倫理綱領．https://www.ipsj.or.jp/ipsjcode.html

[14] 小林英明：Q&A ／事例でわかるインターネットの法律問題（第 5 版），中央経済社 (2008).

[15] 情報処理振興事業協会セキュリティセンター：OECD 情報セキュリティガイドライン見直しに関する調査 調査報告書 (2003).
http://www.ipa.go.jp/security/fy14/reports/oecd/oecd-security.pdf

[16] 総務省：国民のための情報セキュリティサイト
http://www.soumu.go.jp/main_sosiki/joho_tsusin/security/index.html

第 14 章

インターネットビジネスの動向

┌─ □ 学習のポイント ──────────────

　インターネットは日々進化し，それを利用した新しい技術が生み出される．また，ビジネスの世界も変化しており，この新しい技術によって，新しいインターネットビジネスが生まれる．今後インターネットビジネスに影響を与えると考えられる技術やインフラの将来動向について説明する．

- インターネットビジネスが必要とするインフラの将来の技術であるクラウド・コンピューティングについて理解する．
- IoT による新しいビジネスの動向について理解する．
- 新しい電子マネーの動向を理解する．

└────────────────────────

┌─ □ キーワード ──────────────

　クラウド・コンピューティング，SaaS，PaaS，IaaS，IoT，ビッグデータ，AI，仮想通貨，ブロックチェーン

└────────────────────────

▌14.1 　クラウド・コンピューティング

14.1.1　クラウド・コンピューティングとは

　クラウド・コンピューティングという言葉は 2006 年 8 月に開催された Search Engine Strategies Conference において，Google 社の CEO（当時）のエリック・シュミット氏が言及したことで広まったといわれている．

　クラウド・コンピューティングとは，インターネットの先にあるサーバに処理をしてもらうシステム形態を指す言葉である．クラウド (cloud) とは雲を意味する英単語で，インターネットを図で表すときに，雲のイメージを使うことがよくあるが，そのイメージを明確に利用した言葉が，クラウド・コンピューティングである．

　インターネットの先にあるサーバに処理させるという考え方は目新しいものではない．第 9 章で示した ASP，ホスティング，ハウジングまたはデータセンターも，インターネットの先のサーバを利用したサービスの形態であり，クラウド・コンピューティングは，これらの発展型

あるいは再定義といえるものである．

クラウド・コンピューティングという明確な定義が共有されているわけではないが，米国 NIST（National Institute of Standards and Technology：国立標準技術研究所）では，クラウドを次のように定義している．「クラウド・コンピューティングとは，（ユーザにとって）最小限の管理労力，あるいはサービス提供者とのやり取りで，迅速に利用開始あるいは利用解除できる構成変更可能な計算機要素（例えば，ネットワーク，サーバ，ストレージ，アプリケーション，サービス）からなる共有資源に対して簡便かつ要求に即応できる（オンデマンド）ネットワークアクセスを可能にするモデルである」（バージョン 15 2009 年 10 月 7 日）．

14.1.2 クラウドの種別

クラウドで提供されるサービスは主に SaaS，PaaS および IaaS に分類され（図 14.1），これらのサービスを複合して提供されるサービスを CaaS(Cloud as a Service) という．

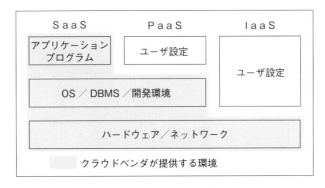

図 14.1 クラウドの種別．
（出所：クラウド・コンピューティング社会の基盤に関する研究会　報告書）

(1) SaaS

SaaS（サース）とは，Software as a Service の略で，アプリケーションソフトウェアを，ユーザが直接使用するコンピュータ，PC にインストール（導入）して使うのではなく，その機能がネットワークを介して提供されるシステム形態である．ユーザはブラウザを使用し，アプリケーションソフトウェアを利用する．ASP は，クラウドの分類としての SaaS に含まれると考えることができる．

(2) PaaS

PaaS（パース）とは，Platform as a Service の略で，SaaS のように使用されるアプリケーションソフトウェアの開発，運用，保守をネットワーク経由で行うことを可能にしたシステム形態である．ハードウェアだけでなく，アプリケーション開発に必要なソフトウェアである OS，DBMS（データベース），アプリケーション開発環境などを提供する．ホスティングは，クラウドの分類としての PaaS に含まれると考えることができる．

168 ◆ 第 14 章 インターネットビジネスの動向

(3) IaaS

IaaS（アイアース）とは，Infrastructure as a Service の略で，クラウド中の仮想マシンを直接的に操作可能としたものである．サービス開発者，サービス提供者は，OS を直接的にインストール，操作，あるいはその OS 上で動作する任意のソフトウェアのインストールを行うことができる．データセンターは，クラウドの分類としての IaaS に含まれると考えることができる．

14.1.3　クラウドの技術

クラウド・コンピューティングの効果を最大限に発揮するために，それを実現するための新しいコンピュータ技術が利用されている．その技術とは，分散処理技術および仮想化技術によって実現される仮想マシンという概念である．仮想マシンとは，実態としてどのようなサーバが何台あるか意識する必要がなく拡張できるコンピュータを意味する．

従来，1 つの仕事は 1 つのコンピュータ上で行っていたが，分散処理技術を利用すると，この仕事を分割して複数のコンピュータにそれぞれ分散し処理させることができる．このため，非常に大きな仕事や同時に処理すべき多数の仕事も高速に結果を得ることができる．

仮想化技術は，分散処理技術を利用した技術で，コンピュータの一部を仮想的に 1 つのコンピュータに見せたり，複数のコンピュータを 1 つの大きなコンピュータに見せる技術であり，この技術を利用したコンピュータを仮想マシンとよぶ．

従来のホスティングやデータセンターの利用時には，依然としてサーバとしての実態を意識する必要があった．すなわち処理能力を上げるためには，大きなコンピュータに置き換えること（スケールアップ）を行う必要があって，コンピュータの能力の限界がイコール処理能力の限界であった．しかし，仮想マシンを利用すると，複数のコンピュータをまたがって利用すること（スケールアウト）ができるので，その能力は，理論上制限なく増強できる．

これらの技術を利用することで，データセンターの運用は効率化でき，それを利用するコストの劇的な低減が期待される．クラウドのもう 1 つのメリットは，そのスケール性である．ビジネスの開始時点では，ごくわずかなリソースをクラウドで利用することで，初期投資を抑えられる一方，急速にビジネスが立ち上がった場合には，そのビジネスの大きさに応じたリソースを利用することが可能となる．今後，クラウドは，インターネットビジネスのインフラとして，確実に広がっていくと考えられる（図 14.2）．

14.2　IoT ビジネスの動向

IoT（Internet of Things，モノのインターネット）の技術発展により，IoT ビジネスが拡大している．これからの情報社会においてどのような IoT ビジネスへ成長していくかを動向について説明する．

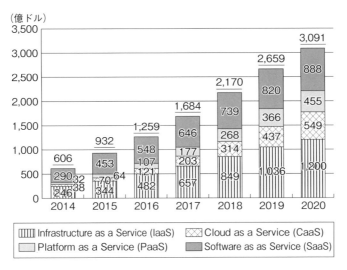

図 14.2　クラウドサービスの市場規模．
(出所：平成 29 年版　情報通信白書)

14.2.1　IoT とは

　IoT とは，従来は主にパソコンやサーバ，プリンタ等の IT 関連機器が接続されていたインターネットにそれ以外の様々なモノを接続することによって実現する新たなサービス，ビジネスモデルや要素技術である．例えば，スマートフォン，家電，車，カメラ，センサーなど，あらゆるモノがインターネットにつながるようになってきた．これらの IoT の発展により，自動検知や，遠隔監視と遠隔制御が可能になり，これらの機器からビッグデータの収集ができ，AI（人工知能）などによるビッグデータの分析が可能になった．

14.2.2　IoT によるビジネスの応用分野

　表 14.1 に示すような産業において IoT によるビジネスの応用分野が期待できる．

表 14.1　産業別 IoT のビジネス応用分野 [10]．

主な産業	応用分野
産業機械，電子機器	リモート監視，メンテナンス，最適オペレーション，故障予知，アップグレード
自動車，輸送機械	カーシェアリング，自動運転サポート，メンテナンス，位置情報，故障予知
家電，ゲーム機	ホームセキュリティ，位置情報＋ AR,VR のコラボ，家電の音声コントロール
医療，介護，ヘルスケア	ウェアラブルセンサーによる診断，健康ロギング，体調管理，カロリー適正化
金融，証券保険	モバイル＋ IC カードとネットバンキング，ドライブレコーダーによる特性保険料
小売，卸	在庫の精度向上，顧客マーケティング，消費者ニーズ分析，消耗品の自動注文
物流，交通	宅配再配達率の改善，位置情報と配送時間短縮，交通渋滞緩和，交通事故回避
エネルギー，防災	節電，省エネ対策，電力消費量の見える化，地震予知，自然災害対策
農業，畜産	気象情報，ドローンでの収穫量調査，家畜健康管理，飼料カロリー最適化
公共，学校	道路，構造物の老朽化の異常検知，在宅学力診断，補習サポート，ゴミ回収最適化
自治体，地域	Web 申請手続の迅速化，スマフォ＋ SNS による地域コミュニティの強化

14.2.3　IoTの主な事例

(1) 体調管理

　リストバンドタイプのウェアラブルセンサーを腕につけてスマートフォンへ活動量，脈拍，運動量，睡眠状態などを計測し，最適な生活スタイルを提案することができる．

(2) カーシェアリング

　カーシェアリングユーザと車両の登録により，スマートフォンによるワイヤレスキーと課金によるカーシェアリングサービスができる．

(3) ゴミ回収最適化

　ゴミの蓄積状況をセンサーとネットワークで把握して最適なゴミ回収ルート情報を提供できる．

(4) 消耗品の自動注文

　化粧品やシャンプーなどの消耗品の残量を計量センサーによって検知し，少量になればスマートフォンでデータを受信してネットショップから自動的に注文することができる（図14.3）．

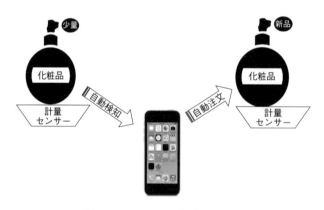

図 14.3　IoTによる自動発注 [11]．

(5) 家電の音声コントロール

　スマートスピーカーやAIスピーカーなどの音声応答IoTセンサーによって，家の中にあるエアコンやテレビ，照明機器などを音声でコントロールできたり，Webの情報を得ることができる（図14.4）．

14.2.4　IoTへの期待と課題

　IoTは，生産性の向上，サービスの向上，効率化などのメリットがある．モノに付けられたセンサーがネットワークにつながることで，様々なデータを自動で収集，分析，改善でき，新たなビジネスモデルを検討することができる．一方で，インターネットのセキュリティの保護や，プライバシーデータの漏えいの問題，ハッキングによる妨害や不正なコントロールなどの

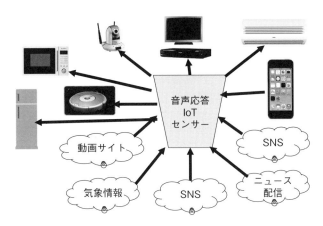

図 14.4　音声応答型 IoT サービス [11].

課題を解決することが必要である．

14.3　電子マネーの動向

14.3.1　新しい電子マネー

第 4 章で述べたもの以外に最近様々な電子マネーが発行されている．これらはいずれ，ネットでの支払いが可能となっている．

(1) ポイントカードのプリペイ式電子マネーへの拡張

おさいふ Ponta や T-MONEY（T マネー）がこれに相当する．

(2) ネット系のプリペイ式電子マネー

Yahoo! マネー，au WALLET や LINE Pay がこれに相当する．特に，Yahoo! マネーや LINE Pay は，利用者同士での電子マネーの交換や，現金への無料交換が可能な点に特徴がある．

(3) ネット銀行系のプリペイ式電子マネー

ソフトバンクカードがこれに相当する．利用者同士での電子マネーの交換は可能であるが，1 ヵ月の無料利用回数が制限されている．

(4) 仮想通貨

仮想通貨は，現金から交換したり，現金にもどしたり，他人とやり取りすることにかかる手数料が極めて小さいことが特徴である．

ビットコイン (Bitcoin) や 2017 年にビットコインから分裂したビットキャッシュ (BitCash) やリップル (Ripple) がこれに相当する．世界中で利用可能であり，どこの国の通貨とも連動していないのが特徴である．したがって，投機的に利用され値動きが激しい点に注意を要する．

また，三菱東京 UFJ 銀行は，他の大手銀行と共に仮想通貨を発行することを目指している．

(5) その他

Apple pay，Android pay は，電子マネーやクレジットカードをスマホに登録するものであ

り，登録された複数のものがスマホ1つで利用できる利点がある．

また，サイバーエージェントが発行しているドットマネーは，電子マネーではなく，各種のポイントの交換ができるポイントプラットフォームとして提供されている．

14.3.2　仮想通貨ビットコインの技術

ここでは，最近脚光を浴びているビットコインの仕組みについて説明する．第4章で説明したように，通常の電子マネーは，運営会社のサーバやクラウド上で管理されている．一方，ビットコインでは，P2Pネットワーク上の取引記録により管理される．取引の結果は，ある数集めてブロックに記録され，このブロックが既存のブロックチェーンにつなげられたとき，取引が承認されたこととなる．このブロックチェーンはすべてノードが保有しており，すべてが同期される．また，すべての取引記録は参照可能である．

このチェーンの承認作業は多数の人の競争で行われ，競争に勝った人（最初にチェーンにつなぐことに成功した人）に作業にかかったコンピュータリソースの見返りとして一定のビットコインが報酬として与えられる（これはマイニングと呼ばれている）．この報酬は年と共に減少するため，ビットコインの増加数は年とともに減少する．これによりビットコイン増加を抑えることによりビットコインの価値の担保がおこなわれている．

ここでの承認作業とは，新規のブロックをチェーンにつなげるキーを見つけることである．これを図14.5に示す．新規ブロックnをその前のブロックn-1につなぐにはブロックn-1の「nonce」に適当な値を入れた後，ブロックn-1全体のハッシュ値を作る．改竄防止のためハッシュ値（12章参照）で，2つのブロックをつなげる．このハッシュ値を作るに際して，32ビットの値である「nonce」を追加する．作成されたハッシュ値の先頭には，ゼロがある数（例えば16個）並ぶことが条件である．このため「nonce」を見つけるため繰り返して計算をする必要があり膨大なコンピュータリソースが必要となる．

ハッシュ値の先頭にいくつゼロが並ぶ必要があるかは，difficulty（採掘難易度）と呼ばれ，世の中のコンピュータの能力に合わせて，2週間に一度調整（難しくする）されることとなっている．

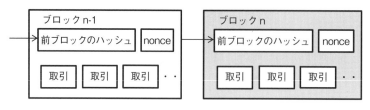

図 14.5　ブロックチェーン．

演習問題

設問1 従来から利用されているインフラであるホスティング，ハウジング，データセンターと，クラウドの違いを述べよ．

設問2 IoT の普及によって，どのようなことが可能になったか．IoT ビジネスの身近な事例を述べよ．

設問3 インターネットの広告を携帯電話に表示することは，パソコンに表示することに比較してどのような場合に有効と考えられるか．その理由も含めて述べよ．

設問4 電子マネーの面白い利用方法を考案せよ．

参考文献

[1] 総務省：平成 29 年版 情報通信白書.
http://www.soumu.go.jp/johotsusintokei/whitepaper/ja/h29/pdf/index.html

[2] IPA（独立行政法人情報処理推進機構）：クラウド・コンピューティング社会の基盤に関する研究会 報告書. http://www.ipa.go.jp/files/000009361.pdf

[3] 米国 NIST（National Institute of Standards and Technology：国立標準技術研究所）.
http://csrc.nist.gov/Projects/Cloud-Computing

[4] IPA（独立行政法人情報処理推進機構）：クラウドコンピューティングの産業構造とオープン化を巡る最近の動向.
http://www.ipa.go.jp/files/000028728.pdf

[5] 伊藤亜紀：電子マネー革命-キャッシュレス社会の現実と希望，講談社現代新書 (2010).

[6] 野村総合研究所 決済制度プロジェクトチーム：2015 年の決済サービス，東洋経済新報社 (2009).

[7] 金融庁：資金決済法に関する資料.
http://www.fsa.go.jp/common/about/pamphlet/shin-kessai.pdf

[8] 福本雅朗：ウェアラブルインタフェース&センシング，情報処理，Vol.51, No.7, pp. 812-818 (2010).

[9] Johnson, R. C.（著），仲宗根佐絵（訳）：折りたためる新聞サイズの電子ペーパー，米ベンチャーが開発中，EE Times Japan，アイティメディア (2010).
http://eetimes.jp/ee/articles/1003/11/news086.htm

[10] 日経コミュニケーション編：成功する IoT，日経 BP 社 (2016).

[11] 小泉耕三：図解 IoT ビジネス入門，あさ出版 (2016).

[12] 誰も教えてくれないけれど，これを読めば分かるビットコインの仕組みと可能性.
http://jp.techcrunch.com/2015/03/31/bitcoin-essay/

第15章
まとめ

各章の学習のポイントの復習と総合演習問題を挙げ，全体の復習と応用問題に取り組みたい．

15.1 学習のポイント

◆ ◆ ◆ ◆ ◆《第1章 インターネットビジネスとは》◆ ◆ ◆ ◆ ◆

　インターネットの利用が開始されて以来，ビジネスのあらゆる局面でインターネットの利用が推進されてきた．インターネットは，対面の会話，手紙，電話に次ぐ第4のコミュニケーション手段ともよばれている．これを利用することで，これまでのビジネスに存在していた時間，空間の制限を大幅に越えた活動が可能となった．これにより新しいビジネスモデルの創出がなされるとともに企業と顧客の関係に大きな変化がもたらされた．この章では，本書で取り上げているインターネットビジネスと何か，またその特徴は何かについて，本書全体のイントロダクションとなる説明を行う．

- ビジネスを構成する要素として，扱う対象物，ビジネスを行うプレイヤー，ビジネスのやり方であるプロセスが存在することを理解する．
- インターネットビジネスでは，対象物，プレイヤー，プロセスのいずれかが電子化され，ネットワークが利用されていることを理解する．
- インターネットビジネスとは，ネットワーク化された技術を利用することにより，モノ，サービス，情報および知識の伝達と交換を効率的に行うことを理解する．
- 電子商取引はインターネットビジネスの一部を構成し，ネットワーク化された技術を利用することにより，モノ，サービス，情報および知識の契約や決済を効率的に行うことを理解する．
- インターネットビジネスは，消費者の購買行動の変化，産業構造へのインパクト，売り手と買い手の新しい関係を作りだしたことを理解する．

□ キーワード ◆ ◆ ◆

　インターネットビジネス，第4のコミュニケーション手段，電子化，電子商取引，産業構造へのインパクト，消費者購買行動，B to B，B to C

◆ ◆ ◆ ◆ ◆《第2章 ビジネスモデル》◆ ◆ ◆ ◆ ◆

　第1章でインターネットビジネスの特徴や概要について紹介したが，この章ではインターネットビジネスのビジネスモデルとは何か，どのような種類があるのかについて全体を説明する．インターネットのビジネスモデルの変革によって，何がもたらされたかを学ぶ．また，代表的なビジネスモデルの仕組みと特徴を紹介する．本章は，次の事項についての理解を目的とする．

- インターネットビジネスのビジネスモデルと種類について理解する.
- ビジネスの変遷についての歴史を理解する.
- ビジネスモデルの変革について紹介する.
- 電子商取引とは何かを理解する.
- 主なビジネスモデルを紹介し, 特徴を理解する.
- ビジネス方法の特許について理解する.

□ キーワード ◆ ◆ ◆

ビジネスモデル, カスタマイゼーション, 電子商取引 (e-commerce), B to B, B to C, C to C, B to B to C, B to G, B to E, SNS, インターネット広告, ビジネス方法の特許

◆ ◆ ◆ ◆ ◆《第3章　電子商取引》◆ ◆ ◆ ◆ ◆

電子商取引は, 第2章で説明したようにインターネットなどのネットワークを利用して, 契約や決済などを行う取引形態のことである. 電子商取引は取引を行うプレイヤーにより分類することができる. 本章では, この分類の中から, 代表的な B to B, B to C, C to C を取り上げ, 具体的な手法や, その狙いを説明する. その上で, 従来の取引との相違点や取引に与えるインパクトについて事例に基づき説明する.

- B to B にはどのような取引形態があるか理解する.
- B to C における販売形態として, インターネットのみを利用する形態と, 従来からの実店舗や通信販売を併用した形態について理解する.
- C to C の代表的な取引形態について理解する.
- 電子商取引は消費者や企業にどのような影響を与えているかを理解する.

□ キーワード ◆ ◆ ◆

EDI, SCM, ネット販売, ネット調達, e マーケットプレイス, ネットショップ, ネットモール, クリック&モルタル, ネットオークション, ロングテール

◆ ◆ ◆ ◆ ◆《第4章　電子決済》◆ ◆ ◆ ◆ ◆

第1章で定義したように, 電子商取引は「ネットワーク化された技術を利用することにより, モノ, サービス, 情報および知識の契約や決済を効率的に行うこと」であり, 電子決済は, これの「決済」を効率的に行うものであり, インターネットビジネスの一環である. インターネットビジネスの大きな要素の1つが電子商取引であるが, その決済に利用される仕組みは必ずしも電子決済だけではない. 銀行振り込みや代引きなども存在する. また, 電子決済では, インターネットバンキングやクレジットカードでの決済も利用されるが, この章では, 電子マネーによる決済について取り上げる. 特に電子マネーを取り上げる理由は, IT の進展により, 様々なビジネスモデルが出現し, 今後大きく成長が期待される分野であるからである.

- 電子決済と電子マネーの関係について理解する.
- 電子マネーのチャージの仕組み, 支払いの仕組みについて理解する.
- 電子マネーの利便性を店舗の立場, 利用者の立場双方について理解する.
- IC カードや携帯電話の非接触方式の原理について理解する.
- 支払いの中で, 電子マネーが占めるおよその割合を理解する.

176 ◆ 第 15 章 まとめ

□ キーワード ◆ ◆ ◆

電子商取引，電子マネー，プリペイ方式，ポストペイ方式，IC カード，FeliCa，オートチャージ，非接触方式

◆ ◆ ◆ ◆ ◆《第 5 章 デジタルコンテンツ》◆ ◆ ◆ ◆ ◆

コンテンツ (contents) とは媒体などに保存されている情報そのものを指す．例えば，小説，音楽や映画などの内容がコンテンツにあたる．現在ではインターネットを通じて多様なデジタルコンテンツが配信され，さらにブログや動画投稿サイトなどを通じて消費者も容易に発信できるようになっている．この結果，デジタルコンテンツに関する様々なインターネットビジネスが展開されている．本章は，次の事項を理解することを目的とする．

- インターネットによって，どのようなデジタルコンテンツ配信方法が可能になったかを理解する．
- デジタルコンテンツ配信の仕組みと，コンテンツビジネスに与えた影響を理解する．
- 消費者自身がどのような手段で，自らのコンテンツを発信しているかを理解する．
- インターネットにより消費者がコンテンツを視聴するスタイルが変化してきていることを理解する．

□ キーワード ◆ ◆ ◆

デジタルコンテンツ，DRM，ストリーミング型，ダウンロード型，CDN，RSS，集合知，CGM，ブログ，トラックバック，SNS，動画投稿サイト，インターネットテレビ，電子書籍

◆ ◆ ◆ ◆ ◆《第 6 章 インターネットマーケティング》◆ ◆ ◆ ◆ ◆

インターネットマーケティングはインターネットを使用したマーケティングの総称である．企業は製品やサービスを開発するとともに，その情報を消費者に届けて販売を促進する．マーケティングはこのような企業の活動全般に関係しており，電子商取引を含む幅広い活動となる．また，インターネットマーケティングにおいては，インターネットビジネスの様々な手法や技術が活用されている．本章は，次の事項を理解することを目的とする．

- インターネットビジネスの進展は，マーケティングにどのような影響を与えているかを理解する．
- インターネット広告の仕組みを理解する．
- インターネットの検索サービスを活用したマーケティング手法を理解する．
- ネットショップを訪問した顧客への販売を促進するための手法を理解する．
- 消費者の情報共有手段について理解する．

□ キーワード ◆ ◆ ◆

AIDA モデル，AISAS モデル，市場細分化マーケティング，検索連動型広告，コンテンツ連動型広告，アフィリエイト，属性ターゲティング広告，行動ターゲティング広告，インプレッション保証型広告，クリック保証型広告，クリック保証型広告，SEM，コンバージョン率，離脱率，アクセス解析，LPO，EFO，ワントゥワン ・マーケティング

◆ ◆ ◆ ◆ ◆《第 7 章 検索エンジン》◆ ◆ ◆ ◆ ◆

インターネットを通じて様々な情報にアクセスできるようになっており，これらの情報を通じて第 3 章の電子商取引や第 5 章のデジタルコンテンツの閲覧などの様々なインターネットビジネスが行われてい

る. 反面, 情報爆発とよばれるようにインターネット上の情報量は急速に増大しており, 大量の情報の中から必要な情報を探し出すことは, むしろむずかしくなっているといえる. 本章は次の事項を理解することを目的とする.

- インターネット上における情報爆発について理解する.
- 代表的な検索エンジンの仕組みについて理解する.
- 検索結果の表示順序の重要性と, 順序を決定する仕組みを, 事例を通じて理解する.
- 検索エンジンの課題と, それを補完するための手法を理解する.

□ キーワード ◆ ◆ ◆

ディレクトリ型検索エンジン, ロボット型検索エンジン, PageRank テクノロジー, SEO, フォークソノミー, ソーシャルブックマーク, 人力検索

◆ ◆ ◆ ◆ ◆《第 8 章　データマイニング》◆ ◆ ◆ ◆ ◆

インターネットビジネスでは, 大量のデータを蓄積して分析を行い, マーケティングに応用している. この章ではデータマイニングとは何か, その一種としてリコメンデーション手法を理解し, その応用について学ぶ. 本章は, 次の事項を理解することを目的とする.

- データマイニングとは何かを理解する.
- マーケティングへの応用とリコメンデーションを理解する.
- リコメンデーションの方式の種類と特徴を理解する.

□ キーワード ◆ ◆ ◆

データマイニング, マーケティング, リコメンデーション, 協調フィルタリング, CRM, Web マイニング

◆ ◆ ◆ ◆ ◆《第 9 章　インターネットビジネスのためのインフラ》◆ ◆ ◆ ◆ ◆

インターネットは, 様々な事業者が提供するインフラやインフラ上のサービスによって形成されている. インフラとは, インフラストラクチャ (infrastructure) の略で, 一般的には上下水道や道路などの社会基盤のことであるが, IT の世界では, システムや事業を有効に機能させるために基盤として必要となる設備や制度などのことである. この章では, これらのインフラおよびサービスの概要を説明する.

- インターネットビジネスのためのインフラの目的を理解する.
- インターネットを構成するインフラを理解する.
- ブロードバンドの種類と特徴, 機器構成を理解する.
- インターネット上で提供される, アプリケーションを利用するためのサービスについて理解する.

□ キーワード ◆ ◆ ◆

ISP, IX, ブロードバンド, ADSL, CATV, FTTH, ASP, ハウジング, ホスティング, データセンター, IDC

◆ ◆ ◆ ◆ ◆《第 10 章　情報セキュリティ》◆ ◆ ◆ ◆ ◆

インターネットビジネスを行う上で, 各種のセキュリティに対する脅威が存在する. セキュリティとは,

参考文献 [1] によると「安全に仕事や生活するための、いろいろな取り組みやしくみ」と定義している．この定義はわかり易いので，本書もこの定義に従う．

このようなセキュリティに対する脅威を理解した上で，これを避けるための確実な方策を施し，インターネットビジネスを行う必要がある．この章では，インターネットビジネスを行う際にどのようなことに気を付けるべきかについて説明し，次にこのような脅威の中で特に深刻な問題となる情報漏えい問題について説明する．この章で取り上げている情報セキュリティの課題は，インターネットビジネスを行う上で課題となるものを重点的に取り上げており，一般論としての情報セキュリティに関しては，本シリーズの「情報セキュリティの基礎」を参照されたい．また，コンピュータウイルスに対する対応策に関しては，第11章を参照されたい．

- 安全なネットショッピングを行うために，気を付けるべきことが何であるか理解する．
- 安全なネットオークションを行うために，気を付けるべきことが何であるか理解する．
- パスワードの適切な管理は，どのようにすべきか理解する．
- インターネットビジネスで，守るべきものが何であるかを理解する．
- 情報漏えいの危険性と，行うべき対策について理解する．
- ファイル共有ソフトウェアの危険性について，十分に理解する．

□ キーワード ◆ ◆ ◆

セキュリティに対する脅威，フィッシング詐欺，悪意のあるサイト，JavaScript，クッキー，ワンクリック詐欺，情報漏えい，ファイル共有ソフトウェア，Winny，Share

◆ ◆ ◆ ◆ ◆《第11章　コンピュータウイルス対策》◆ ◆ ◆ ◆ ◆

この章では，インターネットビジネスを行うために欠かせないコンピュータウイルスの対策について述べる．確実なコンピュータウイルス対策を行っておかないと，顧客の個人情報の漏えいやクレジットカード情報の漏えいなどを引き起こし顧客の信用失墜により，ビジネスを行っていく上での大きな損害を受ける．また，個人でも，ユーザ ID やパスワードの漏えいなどにより，本人になりすました取引などにより損害を被る．このようなことの防止のため，コンピュータウイルス対策として何をなすべきかをここでは述べる．

- 悪意のソフトウェアの名称とし，コンピュータウイルスやマルウェアなど各種の名称が存在することを理解する．
- コンピュータウイルスはどのように感染するのかを理解する．
- コンピュータウイルスはどのような被害をもたらすのかを理解する．
- コンピュータウイルスの対策として何をなすべきかを理解する．
- 十分な対策をしても，ウイルスに感染する場合も存在する．このような場合には何をすべきかを理解する．

□ キーワード ◆ ◆ ◆

コンピュータウイルス，マルウェア，ワーム，ボット，キーロガー，ウイルス対策ソフト，セキュリティホール

◆ ◆ ◆ ◆ ◆《第12章　電子認証》◆ ◆ ◆ ◆ ◆

インターネットが急速に普及し，インターネットビジネスの中で 1 つの大きな要素である電子商取引の

量も形態も急拡大している．例えば，パソコンのブラウザを利用して，電子商店にアクセスし，クレジット決済で商品を購入するような，いわゆるネットショッピングは，誰でも行うことができるし，経験のある読者も多いと思われる．これに伴って，どのようにこのセキュリティを保ち，安全性を確保するのかが大きな課題になっている．この章では，安全性を確保するために実際に使用されている技術および仕組みについて説明する．

- 電子認証の意味と必要性について理解する
- 電子認証に利用されている暗号技術について理解する．
- 本人確認のための電子証明書を発行する第三者機関について理解する．
- ユーザの認証方式について理解する．
- 情報の安全な受け渡し，および Web サイトの安全なアクセスへの利用について理解する．

□ キーワード ◆ ◆ ◆

　共通鍵暗号，公開鍵暗号，一方向暗号，PKI，認証局，電子証明書，ユーザ認証，チャレンジ・レスポンス，ワンタイム・パスワード，電子署名，SSL

◆ ◆ ◆ ◆ ◆《第13章　インターネットビジネスの倫理と法律》◆ ◆ ◆ ◆ ◆

　インターネットビジネスの倫理と法律の部分について学ぶ．インターネットビジネスでの倫理全般と知的財産権，著作権，個人情報保護法などの様々な基本的な法律を理解する．

- インターネットビジネスの光の部分について理解する．
- インターネットビジネスの影の部分について理解する．
- 知的財産権や著作権について理解する．
- 個人情報保護法について理解する．
- インターネットビジネスで適用される主な法律を理解する．

□ キーワード ◆ ◆ ◆

　ネット犯罪，ネチケット，知的財産権，ソフトウェア著作権，個人情報保護法，匿名性，プライバシーマーク，OECD8 原則

◆ ◆ ◆ ◆ ◆《第14章　インターネットビジネスの動向》◆ ◆ ◆ ◆ ◆

　インターネットは日々進化し，それを利用した新しい技術が生み出される。また、ビジネスの世界も変化しており、この新しい技術によって、新しいインターネットビジネスが生まれる。今後インターネットビジネスに影響を与えると考えられる技術やインフラの将来動向について説明する。

- インターネットビジネスが必要とするインフラの将来の技術であるクラウド・コンピューティングについて理解する．
- IoT による新しいビジネスの動向について理解する．
- 新しい電子マネーの動向を理解する．

□ キーワード ◆ ◆ ◆

　クラウド・コンピューティング，SaaS，PaaS，IaaS，IoT，ビッグデータ，AI，仮想通貨，ブロックチェーン

15.2 総合演習問題

《第1章》

現在，世の中に存在しない新しいインターネットビジネスを提案せよ．対象は誰か（年齢層，地域など）を明記すること．新規でなくとも現在のものの改良でもよい．

《第2章》

インターネットビジネスで利用したことがある複数のショッピングサイトの特徴や利便性を比較せよ．

《第3章》

B to C の普及に伴い多くのネットショップが開設され，様々な商品が販売されている．身近なネットショップを調査し，以下の各々の店舗で購入したいと考えた商品あるいはサービスを述べよ．また，その理由について述べよ．

1 ネットショップ（仮想店舗）
2 実際の店舗

《第4章》

電子マネーを利用して顧客拡大，売上拡大につなげる新しい方策を提案せよ．その時，利用する電子マネーは，IC カード方式（携帯電話を含む）が良いか，ネットワーク型が良いかを述べよ．

《第5章》

電子書籍と従来からの紙の書籍を比較して，各々の利点を述べよ．さらに，各々の利点を踏まえて今後，電子書籍はどのように普及していくかの見通しについて自身の考えを述べよ．

《第6章》

ネットショップでは，訪問した消費者のコンバージョン率を向上するために，様々な工夫を行っている．身近なネットショップについて，具体的にどのような工夫が行われているかを調査し，以下を述べよ．

1 調査したネットショップの名称
2 URL
3 コンバージョン率改善のための工夫

《第7章》

ロボット型検索エンジンでは，例えば Google や百度が大きなシェアを握っているといわれる．一方で，特定の検索エンジンがシェアを独占することを危惧する意見がある．そこで，特定の検索エンジンだけしか使用できない環境となった場合に，どのような課題が考えられるかを述べよ．

《第8章》

インターネットを利用している際にリコメンデーション機能を受けた自己体験例を示せ．

《第9章》

ASP の中には，無料で，メールサービスを提供している事業者がある．これらのメールサービスを複数列挙せよ．また，そのメールサービスを実際に使用して，どのサービスが自身に合っているか，その理由と共に述べよ．

《第10章》

今まで，インターネットを利用してセキュリティ上の問題を経験した事象を挙げよ．次のような事例である．サイトのアクセスで不当に金額を要求された．パソコンが，ウイルスに感染し，ファイルが破壊され，漏えいしたなどの被害にあった．もし経験がなければ，どのようなセキュリティ対策を行っているか説明せよ．

《第11章》

パソコンが，ウイルスに感染したとき，どのようなことが発生するか考えられるものをすべて列挙せよ．

《第12章》

インターネットビジネスを運用するサーバにおいて，SSL 暗号通信が必要となった時，認証局に電子証明書の登録と発行を申請する必要がある．民間の認証局を 1 つ見つけて，その認証局における申請の手順の概要を述べよ．

《第13章》

学生がインターネットを利用して，レポート作成や卒業研究を行う際に最も関係する「情報倫理と法」についての具体例を挙げて説明せよ．

《第14章》

インターネットビジネスの将来動向を 1 つ調べて，自分の意見を述べよ．

用語解説表

ソートキー	用語（英語）	解　説
あー	RFC	インターネットに関する技術の標準を定める団体である IETF (Internet Engineering Task Force) が正式に発行する文書．意見をくださいという意味で Request For Comment と名付けられている．
あー	RSA（アールエスエー）	Ronald Rivest, Adi Shamir, Leonard Adleman の 3 人が 1978 年に開発した公開鍵暗号方式の 1 つ．開発者の名前を取って名付けられた．公開鍵暗号の標準として広く普及している．RSA 暗号を解読するには，巨大な整数を素因数分解する必要があり，効率の良い解読方式は見つかっていない．
あい	AIDA モデル（アイダ）	消費者の反応が「注目」，「関心」，「欲求」，「購入」の順に生じるものであるとする従来型の消費者の行動モデル．
あい	AISAS モデル（アイサス）	「注目」，「関心」の次に「検索」によって製品の情報を調べ，その後に「購入」して，購入した製品の情報は「共有」されるというインターネット時代の消費者の購買行動モデル．
あい	ISP (Internet Service Provider)	インターネット・サービスプロバイダの略で，インターネットを利用するユーザに対して，ユーザのコンピュータをインターネットへ接続するための手段をサービスとして提供する事業者．
あい	ITU-T	ITU（国際電気通信連合）の電気通信標準化部門であり，通信関連の標準化を定めている．
あい	IT 基本法	正式名称は「高度情報通信ネットワーク社会形成基本法」あり，2000 年 11 月に成立．基本理念として，「すべての国民が，高度情報通信ネットワークを容易に利用でき，かつその利用の機会を通じて個々の能力を最大限に発揮することで，情報通信技術の恩恵を受けられる社会の実現」をうたっている．
あい	IoT	Internet of Things の略称であり，あらゆる物がインターネットを通じてつながることによって実現する新たなサービスやビジネスモデルや，要素技術である．
あく	悪意のあるサイト	Web サイトに埋め込まれたスクリプト (JavaScript) などを利用して，コンピュータ内の情報やファイルなどを盗取したり，アクセスするとウイルスに感染するサイト．
あふ	アフィリエイト	自分の Web サイトやメールマガジンなどを企業サイトへリンクし，閲覧者がそのリンク先の Web サイトで会員登録や商品が購入した場合，リンク元のサイトの持つ主に報酬が支払われる仕組み．
いー	EC (e-commerce)	電子商取引のこと．
いー	EC 化率	取引のうち電子商取引の割合（金額ベース）．
いー	EFO (Entry Form Optimization)	入力フォーム最適化とよばれ，商品購入時の氏名，住所，決済情報などの個人情報のエントリーフォームへの入力を行いやすくする方式．この時点の破棄率を少なくすることが狙い．
いー	e マーケットプレイス	複数の売り手，買い手が参加するオープンな電子商取引の共通プラットフォーム．
いん	インターネットエクスチェンジ (IX)	ISP 同士を高速な回線で相互接続するサービス．国内の代表的ものとては，日本インターネットエクスチェンジ株式会社が運営する JPIX がある．
いん	インターネットビジネス	e ビジネスともよばれ，ネットワーク化された技術を利用することにより，モノ，サービス，情報および知識の伝達と交換を効率的に行うこと．
いん	イントラネット	インターネットが全世界に開かれたネットワークであるのに対して，イントラネットは，企業内での閉じたネットワーク．この中では，電子メールや電子掲示板，スケジュール管理などの基本的なものから，業務情報データベースと連動した Web アプリケーションまで様々なものが構築される．
いん	インプレッション (impression)	インターネット広告がユーザ画面に表示される回数．
いん	インプレッション保証型広告	所定のインプレッション（広告表示回数）まで表示することを保証する広告．

うい	ウイルス（狭義）	他のプログラムやファイルに寄生して，ファイルの破壊やコンピュータに異常な動作をさせるなどの不正を行うプログラム．マルウェアの中では最も古くから存在するタイプである．
うい	ウイルス（広義）	悪意のプログラムの総称であり，コンピュータウイルス（狭義），ワーム，スパイウェア，ボット等の不正プログラムを総称してウイルスとよばれる．マルウェアと同義である．
うい	ウイルス対策ソフト	ウイルス対策として常時ウイルスの監視と除去を行うほか，トロイの木馬，ボット対策，PDF からの感染対策やフィッシング対策として，世の中にでまわっているフィッシングサイトをブロックする機能，パーソナルファイアウォール機能，迷惑メール対策機能などを持っている．
うえ	Web マイニング	データマイニングの各種の手法を駆使して，Web サイト上でリアルタイムにデータマイニングによる分析，抽出を表示する方法．
えい	AES (Advanced Encryption Standard)	NIST (National Institute of Standards and Technology) が公募し応募した 15 種類の中からベルギーの RIJNDAEL（ラインドール）と命名されたアルゴリズムが選定された（2000 年）暗号化方式で，現在主流で利用されている．
えー	ASP (Application Service Provider)	アプリケーションサービス提供事業者とよばれ，特定および不特定ユーザが必要とするシステム機能を，ネットワークを通じて提供するサービス
えー	ADSL (Asymmetric Digital Subscriber Line)	電話の音声を伝えるのには使わない高い周波数帯を使って高速なデータ通信を行う技術で，電話に使われている 1 対の電話線を使って通信を行う．非対称 (asymmetric) の名称は，下り通信速度は 1.5〜約 50 Mbps でその逆の上りは，0.5〜約 12 Mbps と，通信方向によって最高速度が違っているため．
えす	SEM (Search Engine Marketing)	検索エンジンマーケティングとよばれ，検索エンジンから自社のサイトへのアクセスを増やすマーケティング手法．
えす	SEO (Search Engine Optimization)	検索エンジン最適化とよばれ，特定のキーワードで検索された場合に自社サイトが上位に表示されるように，自社サイトを最適化すること，あるいはその技術．
えす	SEO スパム	不当な方法を用いて検索エンジンの上位に表示させる行為や，そのような Web サイトのことであり，検索エンジンの利用者は本来探している情報へたどり着くことがむずかしくなる．
えす	SSL 暗号通信	Web やメールなどのインターネット上で情報を暗号化して送受信するプロトコルであり，公開鍵暗号，秘密鍵暗号，電子証明書，ハッシュ関数などの技術を組み合わせデータの盗聴や改ざんなりすましを防ぐ方式．
えす	エスクローサービス	インターネット販売での代金支払い，商品の引渡しの安全性を保証する仲介サービス．インターネット売買での売り手，買い手双方の安全性を保証する．
えつ	越境取引	国境を越えたネットショッピングのことで．これを利用することにより一般消費者でも簡単に販売や購入を行うことができるようになった．
えふ	FTTH (Fiber To The Home)	光ファイバーによる家庭向けのデータ通信サービスであり，ADSL と異なり上り，下りが同じ速度である
えむ	MD5	1991 年に Ronald Rivest 氏らによって開発された，ハッシュ関数の 1 つで 128 ビットのハッシュ値を生成する．RFC 1321 として IETF で標準化されている．
える	LPO (Landing Page Optimization)	ランディングページ最適化とよばれ，訪問の動機や目的も異なる特定のキーワードによる検索結果からの訪問ユーザに対してスムーズに目的のページに到達できるよう誘導する方式．
おー	OECD8 原則	1980 年に OECD（経済協力開発機構）理事会がだした「プライバシー保護と個人データの国際流通についての勧告」．
おー	オートチャージ	プリペイ方式の電子マネーでクレジットカードと連動し，利用時にチャージされている金額がある限度以下となると自動的にチャージされる方式．
きー	キーロガー	キーボードの入力を監視，記録しユーザ ID やパスワードを盗み出すウイルス．
きよ	共通鍵暗号	通信の送受信双方でお互いに利用する暗号方式と，暗号化/復号に利用する暗号鍵を決め，送信側がデータを暗号化して送信し，受信側は同じ暗号鍵で復号化する方式
きよ	協調フィルタリング	顧客の購買履歴の分析によってリコメンデーションを行う方法
くち	口コミサイト	購入者や利用者の製品やサービスに関する口コミ情報の掲載に特化したサイト．消費者自身が口コミを投稿したり第三者の口コミを閲覧したりすることで，かつては限定的だった口コミ情報が広く流布するようになった

くっ	クッキー	アクセス時，それぞれのユーザに対応したデータであるクッキーをサーバ送信しておき，次回からはこのクッキーの値を利用して各ユーザに必要な内容の Web ページを表示させるなどサイトの利用者が連続性を持って利用できるようにする仕掛け．
くり	クリック&クリック	インターネット上の仮想店舗でのみで販売する方式．
くり	クリック&モルタル	ネットショップと実店舗と両方に店舗を持ち相乗効果を狙う方式．
くり	クリック保証型広告	広告が所定回数クリックされるまで広告の表示を保証する方式．
けん	検索連動型広告	検索サイトのキーワードに連動した広告を表示する方式．
こう	公開鍵暗号	公開鍵と秘密鍵という 2 つの鍵（鍵ペア）を使う方式．公開鍵は，公開されており，送信する時は，相手に対応する公開鍵で暗号化し，受け取り側は，公開鍵とペアの自分のみが持っている秘密鍵で復号する．
こう	行動ターゲティング広告	複数の画面での顧客の閲覧履歴から，顧客のターゲッティングを行う方式．例えば，住居の検索を行っている消費者がいれば，引っ越しを行う可能性が高いと考え，引っ越しに関連する広告を表示する．
こん	コンテンツ連動型広告	ホームページの内容と，あらかじめ掲載を依頼されていた広告をマッチングして，それにふさわしい広告を自動的に選択して表示する方式．
さぷ	サプライチェーン・マネジメント (SCM)	原材料や部品の供給企業やメーカ，流通，販売企業が情報を共有して，一連の供給の流れを最適に管理する方式．インターネットを利用してサプライヤーや技術パートナーと需要予測の情報を共有し，完成品の在庫を持たず，生産在庫を圧縮し，生産情報，納期情報を共有し，消費者に確実な配達予定情報を提供するなどである．
しー	C to C（シートゥシー）	消費者と消費者の電子商取引．代表的なものにインターネットオークションがある．
しー	CGM (Consumer Generated Media)	消費者生成メディアとよばれ，ブログ，SNS，クチコミサイトなどにより，ユーザ自身がコンテンツを作成，公開する情報．
しー	CRM (Customer Relationship Management)	商品やサービスを提供する売り手が顧客との間に長期的，継続的で親密な関係を構築し，その価値と効果を最大化することで，顧客のベネフィットと売り手のプロフィットを向上させることを目的とした経営管理手法．
しー	CDN (Contents Delivery Network)	動画のようなデジタルコンテンツはサイズが大きく，ネットワークに多大な負荷がかかるため，複数の場所にミラーサイトを用意し，ユーザのネットワーク状況に応じた最適な配布ポイントを指示することで，スムーズにユーザに配信できるようにするネットワーク．
しー	CVR (Conversion Rate)	コンバージョン率とよばれ，インターネット広告で最終的な成果に至った割合を示す．例えばネットショップの商品販売，インターネットコミュニティの会員登録などに至った割合である．
しゃ	SHA-2（シャーツー）	ハッシュ関数の 1 つであり，224，256，384，512 ビットのいずれかのハッシュ値を生成する．2001 年に米国標準技術局 (NIST) によってアメリカ政府の標準ハッシュ関数として採用された．
しゅ	集合知	インターネット上で，多数の人が情報を共有し，意見や議論を交わすことにより生み出される新たな情報や意見．
じょ	情報爆発	インターネット上の情報が急速に増大している現象．
じん	人力検索	質問者が人力検索サイトに質問を投稿し，これに回答できる人が，該当するページのリンクを示しながら回答するもの．
すう	スーパーローカライゼーション	特定の国の企業が他の国に進出するのではなく，国をまたがって企業が広範囲にわたって提携すること．
せき	セキュリティ	安全に仕事や生活するための，いろんな取り組みや仕組み．
せき	セキュリティホール	OS やオフィスソフトなどの脆弱性であり，ウイルスはそれを利用して感染する．
そー	ソーシャルブックマーク	単なるオンラインブックマークサービスではなく，多くのユーザでブックマークを共有し，分類や人気度，コメント，解説などの情報を付加していくことを目的としたもの．
ぞく	属性ターゲティング広告	登録されているユーザの年齢や性別などの属性にあった広告を表示する手法．
でー	DRM (Digital Rights Management)	デジタル著作権管理とよばれ，デジタルコンテンツの著作権を保護し，その利用や複製を制御，制限する技術の総称であり，デジタル著作権管理，音声や映像ファイルにかけられる複製の制限技術などが存在する．

でー	データセンター	ハウジングサービスやホスティングサービスを実施するための施設であり，インターネットデータセンター (IDC) ともよばれる．耐震性に優れたビルに高速な通信回線を引き込み，自家発電設備や TV カメラによる 24 時間監視など高度のセキュリティを確保している．
でー	データマイニング	蓄積された大量データから有益なルールや傾向，パターンなどを分析，抽出する技術．
でい	デジタルコンテンツ	コンテンツ (contents) とは媒体などに保存されている情報そのものであり，文学，音楽やドラマなどの内容である．デジタルコンテンツは，これが，デジタル化されたものである．
でい	ディレクトリ型検索エンジン	サイトを専門の人間の手により大分類→中分類→小分類のように一定のルールでカテゴリ階層に分類，整理し，メニューから始まる木構造のディレクトリに登録する方式．
です	DES	1960 年代後半に IBM 社によって開発された秘密鍵暗号化アルゴリズムであり，1977 年にアメリカ政府標準技術局 (NIST) によって連邦情報処理基準に採用されている．
でる	デル・ダイレクト・モデル	デルがパソコン事業のために構築したビジネスモデルで，オンラインショップでの消費者への直接販売を行うと共に，注文を受けてから生産を開始する完全受注生産を特徴とするため，在庫を持たず，常に最新の技術を反映した製品の生産が可能である．
でん	電子商取引 (e-commerce)	ネットワーク化された技術を利用することにより，モノ，サービス，情報および知識の契約や決済を効率的に行うこと．
でん	電子マネー	電子的なデータを通貨の代わりとしいて，決済に利用するもの．
でん	電子決済	モノ，サービス，情報および知識の対価として通貨ではなくではなく電子データのやり取りで決済する方式．
でん	電子証明書	デジタル証明書ともよばれ，公開鍵が本物であることを証明するデータのこと
でん	電子調達	企業間の調達活動にインターネットを利用する仕組みの総称．
とら	トラックバック	ブログを見た人が記事に対して意見を書き込んだり，自分のブログへのリンクを作成したりする機能．
にん	認証局	電子商取引事業者に対して，電子証明書の登録，電子証明書の発行，電子証明書の検証などを行う法的な根拠に基づいた公的に信頼できる機関
ねち	ネチケット	インターネットでメールや Web で情報発信する際のエチケット．
ねつ	ネットモール	実際の商店街と同様にインターネット上に仮想商店街を構築し，そこから個別のネットショップへリンクする方式．ネットモール全体の検索機能や決済機能の提供により消費者の利便性をより高める．
はう	ハウジング	事業者が企業などのユーザが所有するコンピュータを預かり，管理，運用するサービスであり，高速な回線や耐震設備，安定した電源設備などを安価に提供することを目的とする．
びー	B to B to C （ビートゥビートゥシー）	企業と消費者の取引の先にさらに企業が存在する方式の電子取引．旅行業者の先に交通業者やホテル業者がいる例が挙げられる．
びー	B to G （ビートゥジー）	企業と政府や自治体の電子商取引．
びー	B to B（ビートゥビー）	企業と企業間の電子商取引．
びー	B to C（ビートゥシー）	企業と消費者の電子商取引．
ぴい	PKI (Public Key Infrastructure)	公開鍵基盤とよばれ，公開鍵の技術を用いることで，認証および否認防止といった様々なセキュリティ対策を実現する仕組みのこと．
びじ	ビジネスモデル	事業やサービスの仕組みであり，ビジネスの概要，ビジネス戦略やビジネスコンセプトを示すものとして使われる．
びじ	ビジネスモデル特許	事業として何を行い，どこで収益を上げるのかという儲けを生み出す具体的な仕組みを内容とする特許．コンピュータやインターネットなどの情報システムを活用した新しいビジネス手法を特許化するものが増加している．有名にものにはアマゾンの 1 クリックがある．
ひせ	非接触型 IC カード	IC カードに非接触型の IC チップを組み込んだもの．通信距離により遠距離型，近傍型，近接型，密接があり．電子マネーには，近接型が利用される．
ひみ	秘密鍵	公開鍵暗号方式における公開鍵とペアとなるもう 1 つの鍵のこと．公開鍵は公開されるが秘密鍵は自分のみが保持する．

ふあ	ファイル共有ソフトウェア	Winny や Share など匿名で音楽や動画などの他人の著作物の公開と流通を効率よく行うことを目的としたプログラムである．どのようなデータを持っている情報をキーとしてネットワーク上に配布し他のコンピュータはそのキーを元に必要なファイルの入手を行う．交換されるデータは暗号化されているためウイルスに感染したデータがパソコンに取り込まれる可能性が高くなる．一度ウイルスに感染すると今度は，共用を想定していないファイルまでウイルスにより流出する危険性を含んでいる．また，著作権上も問題が多い．
ふい	フィッシング詐欺	巧みに偽のサイトに誘導し，ユーザ ID やパスワードを盗取するもの．
ふえ	FeliCa（フェリカ）	ソニーが開発した非接触型 IC カードの技術方式．英語で「至福」を意味する．
ふお	フォークソノミー（Folksonomy）	ユーザが Web サイトのページにタグを付加して分類していく方法であり，タクソノミー（Taxonomy：分類法）とフォーク（Folk：民衆）を組み合わせた造語である．ソーシャルブックマークはこの方法で作成される．
ふせ	不正アクセス禁止法	アクセス制御が施されているコンピュータに対して，ネットワーク経由での不正アクセスを禁止する法律．
ぷら	プライバシーマーク	日本工業規格「JIS Q 15001 個人情報保護マネジメントシステム—要求事項」に適合して，個人情報について適切な保護措置を講ずる体制を整備している事業者であることを認定したことを示すマーク．
ぷり	プリペイ方式	利用に先立ちあらかじめ金額をチャージしておく電子マネーの方式．
ぺい	PageRank テクノロジー（ページランク）	ページの重要度の評価方式であり，被リンク先のページ数とそのページの重要度によって評価する方式．
ほす	ホスティング	利用者自身でサーバを用意したり運営管理をしなくてもいいように，事業者が持つコンピュータを提供し，利用させるサービス．
ぽす	ポストペイ方式	利用時点でクレジットカードから利用金額が引き落としされる電子マネーの方式．
ほつ	ボット（BOT）	コンピュータを攻撃者が外部より操作するウイルスであり，感染したコンピュータは，攻撃者の指令に従い，情報の盗取や，迷惑メールの送付やサーバの攻撃などを行う．
まる	マルウェア	悪意のプログラムの総称であり，コンピュータウイルス（狭義），ワーム，スパイウェア，ボット等の不正プログラムを総称してマルウェアとよぶ．
りい	リコメンデーション	多種多様な商品やサービス，情報の中から顧客のそれぞれの嗜好に合わせてお気に入りのものを推奨すること．
ろぼ	ロボット型検索エンジン	ロボットがインターネット上を巡回して自動的にページ情報を収集し，インデックスを生成しておく方式．検出したページを登録して定期的に巡回すると共に，このページから他のページへのリンクを検出した場合にはリンク先のページに移動してページの登録を行う．
ろん	ロングテール	オンラインショップでは「死に筋」の商品が重要な収益源になることを示したものであり，延々と伸びる死に筋商品が恐竜の尻尾 (tail) のように長く伸びることからロングテールとよばれる．
わん	ワンクリック詐欺	パソコンや携帯電話に電子メールを送りつけ，そこに記載されている Web サイトをクリックすると脅迫めいた文面，手口で料金の振り込みを迫るもの．

索　引

記号・数字

4C 64
4P 64

A

ADSL 108, 110, 183
ADSL モデム 108
AES. 183
AIDA モデル 65, 182
AISAS モデル 66, 75, 182
ASP 15, 24, 104, 110, 166, 167, 183

B

B to B 1, 6, 8, 15, 21, 152, 174, 185
B to B to C 16, 185
B to C . . . 1, 6, 8, 12, 15, 24, 93, 152, 174, 185
B to E 17
B to G 17, 185
BitCash 37, 40, 42, 44
broadband 107

C

C to C 16, 29, 184
CATV 108, 110
CA 局 141
CDN 54, 184
CGM 19, 56, 65, 75, 184
cloud 166
CRL. 143
CRM 95, 98, 184
CSR. 143
CVR 72, 184

D

DES. 185
DRM 52, 184

E

e-Tax 10
e-ビジネス 2
EC 2, 15, 182
EC 化率 7, 182
EDI 5, 6, 15, 21
Edy 36, 37, 39, 40, 44
EFO. 74, 182
EMTA. 109
e マーケットプレイス 24, 182

F

FairPlay 52
FeliCa 35, 45, 176, 186
FTTH 109, 183

H

HGW. 109
home gateway 109

I

IaaS 168
ICOCA 37, 40, 41, 44
IC カード 35, 36, 176
IC カード型電子マネー 36, 37
IC チップ 36
iD. 37, 41, 44
IDC 113
IoT. 166, 168
IPA 134, 135
IP 電話 109
ISP. 106, 107, 182
ITU-T 143, 182
IT 基本法. 162, 182
IX. 106, 182

J

JavaScript 116, 119

K

Kitaka 37

L

LP 73
LPO 73, 183

M

MD5 . . . . 139, 183
MP3 51

N

nanaco 37, 39, 40, 44

O

OECD 158, 163
OECD8 原則 157, 183
ONU 109
OpenMG 53
Optical Network Unit 109

P

PaaS 167
PageRank テクノロジー 86, 186
PASMO 37, 40, 41, 44
PiTaPa 37, 40, 42, 44
PKI 140, 141, 185

Q

QUICPay 37, 40, 42

R

RFC 182
RSA 139, 182
RSS 54
RSS リーダ 55

S

SaaS 167
SCM 15, 22, 32, 184
SEM 70, 183
SEO 87, 183
SEO スパム 85, 183
Set Top Box 109
SHA-2 . . . . 139, 184
Share 116, 178
SLA 113

Smartplus 37, 40, 42, 44
SNS 14, 57
SSL 143, 147
SSL 暗号通信 143, 144, 149, 183
SSL サーバ証明書 143
STB 109
SUGOKA 37
Suica 36, 37, 40, 41, 44

T

TOICA 37, 40, 41

W

WAON 37, 39, 40, 44
WebMoney 40, 43, 44
Web マーケティング 98, 103
Web マイニング 97, 183
Windows Media DRM 52
Winny 116, 178

X

X.509 143

あ行

アイアース 168
悪意のあるサイト 116, 118, 182
悪意のあるソフトウェア 128
アクセス解析 73
アフィリエイト 17, 18, 69, 182
アプリケーションサービス提供事業者 . . . 110
アンケート 101
暗号 137
安全なパスワード 120
アンチウイルスソフト 154
一方向暗号 138, 143, 147
インターネット EDI 22
インターネットエクスチェンジ . . . 106, 182
インターネット広告費 5
インターネット・サービスプロバイダ . . . 106
インターネットデータセンター 113
インターネットテレビ 59
インターネットマーケティング . . . 64, 176
イントラネット 182
インプレッション 18, 182
インプレッション保証型 18, 69, 182
ウイルス 135
ウイルス（狭義） 129, 183
ウイルス（広義） 128, 183
ウイルス対策ソフト 128, 132, 133, 183
ウイルスの感染 134, 153

エスクローサービス............... 18, 183
越境取引..................... 32, 183
エリアターゲティング................. 68
オークションサイト................. 117
オートチャージ......... 35, 38, 176, 183
音楽配信......................... 51
音声 (声紋)..................... 146

か行

改ざん 137, 139, 147
回線終端装置..................... 109
鍵交換........................... 148
カスタマイゼーション............... 12
仮想化技術....................... 168
仮想通貨......................... 171
仮想マシン....................... 168
完全性........................... 137
キーロガー.......... 128, 130, 178, 183
基盤（インフラ）................. 141
機密情報......................... 154
機密性..................... 137, 140
協調フィルタリング.. 74, 99, 100, 103, 183
共通鍵暗号.......... 138, 140, 148, 183
口コミサイト............. 65, 71, 183
クッキー......... 116, 119, 178, 184
クラウド・コンピューティング 166
クリック＆クリック............. 16, 184
クリック保証型 18, 69, 184
クリック＆モルタル.......... 15, 27, 184
クロスメディア・マーケティング........ 76
掲載期間保証型 18, 69
ケーブルテレビ................... 108
ケーブルモデム................... 108
検索エンジン..................... 80
検索連動型広告.......... 67, 71, 184
公開鍵暗号... 139, 141, 142, 147, 148, 184
公開鍵基盤....................... 141
工業所有権....................... 155
虹彩............................. 146
広帯域........................... 107
行動ターゲティング広告.......... 68, 184
顧客生涯価値..................... 95
個人情報............. 154, 156, 157
個人情報保護............... 156, 157
個人情報保護法........ 152, 156, 179
コンテンツデータ 100
コンテンツベース 100, 103
コンテンツ連動型広告........... 67, 184
コンバージョン................... 69
コンバージョン率 72
コンピュータウイルス.......... 128, 129
コンピュータウイルスの被害状況....... 131

さ行

サース 167
サーバホスティング............... 112
再現率........................... 84
サイコグラフィックターゲティング..... 68
サブスクリプションサービス 51, 60
サプライチェーン・マネジメント ... 22, 184
産業構造へのインパクト 1, 5, 174
市場細分化マーケティング 66
実印............................. 144
指紋............................. 146
集合知 56, 58, 88, 184
消費者購買行動 1, 174
消費者主体の市場 3
消費者生成メディア........... 19, 184
消費者の購買行動 5
情報爆発............. 79, 184
情報漏えい......... 116, 123–126, 178
証明書署名リクエスト 143
真正性........................... 143
信ぴょう性....................... 147
人力検索............... 72, 89, 184
スーパーローカライゼーション 12, 184
スクリプト....................... 119
スケールアウト................... 168
スケールアップ................... 168
スケール性....................... 168
ストリーミング型 53
スパイウェア............. 129, 131
スプリッタ....................... 108
成果報酬型広告 69
脆弱性................. 133, 163
生体認証......................... 146
声紋............................. 146
セキュリティ対策 154
セキュリティに対する脅威........... 116
セキュリティホール..... 128, 133, 161, 184
セットトップボックス............. 109
ゼロマージンモデル........... 13, 14
ソーシャル TV 59
ソーシャルネットワーキングサービス ... 14
ソーシャルブックマーク......... 88, 184
属性ターゲティング広告........... 68, 184

た行

ターゲティング 67
ダイジェスト 139
ダウンロード型 53
知識共有サイト 58
知的財産権........... 152, 154, 179
チャージ方式..................... 43
チャレンジ....................... 145

著作権 152, 154–156, 179
著作権侵害. 162
著作権法. 159
直帰率 73
ディレクトリ型検索エンジン 81, 185
データセンター . . . 111, 113, 166, 168, 185
データマイニング 92–95, 98, 101, 177, 185
適合率 84
デジタル加入者線 108
デジタルコンテンツ. . . 13, 30, 50, 152, 185
手のひらの静脈 146
デモグラフィックターゲティング. 68
デル・ダイレクト・モデル 32, 185
電子決済. 35, 175, 185
電子商取引1, 2, 6, 8, 13, 15, 21, 24, 29, 35,
　174–176, 185
電子証明書 141, 143, 147, 148, 185
電子証明書失効リスト 143
電子書籍 60
電子署名. 140, 143, 147
電子署名データ 143
電子署名及び認証業務に関する法律. 144
電子署名法 144
電子調達 185
電子認証 137
電子マネー 35, 37, 39, 175, 176, 185
電子マネー発行枚数. 47
動画投稿サイト 58
盗聴 137, 140
トークン 146
特許権 155
トラックバック 56, 185
トロイの木馬 130, 133
ドロップシッピング. 17

な行

なりすまし. 137, 162
ナローバンド 107
ニュース配信 54
認証 137, 140, 141, 147, 148
認証局 141, 147, 185
ネチケット 185
ネットオークション 16, 29, 116
ネットショッピング 116
ネットショップ 13, 25, 102, 103
ネット調達. 23
ネット販売. 23
ネットモール 26, 72, 185
ネットワーク型電子マネー 36, 38

は行

パース 167

パーソナルファイアウォール 133
ハウジング. 111–113, 166, 185
破棄率 73
パスワード生成ソフトウェア 121
パスワードの安全な管理. 121
バックドア 130
ハッシュ 138
ハッシュ値. 138, 143, 147
パンくずリスト 82
光ネットワークユニット 109
光ファイバー 109
ビジネス方法の特許. 11, 19
ビジネスモデル 3, 10, 11, 185
ビジネスモデル特許. 155, 185
非接触型 IC カード 45, 185
非接触方式. 35, 176
非対称デジタル加入者線 108
ビットコイン (Bitcoin) 171
否認 137
否認防止 137, 140, 141, 147
秘密鍵 139, 140, 147, 185
平文認証 145, 149
ファイル共有ソフトウェア116, 125, 126, 186
フィッシング 133
フィッシングサイト 118
フィッシング詐欺 116, 118, 178, 186
フィッシングメール 118
フォークソノミー 88, 186
不正アクセス 153, 162
不正アクセス禁止法. 161, 186
不正プログラム 124
踏み台 123
プライバシーマーク 159, 186
プリペイ方式 35–38, 176, 186
プリペイ方式 IC カード 36
ブロードバンド 107
ブロードバンドルータ 133
ブログ 56
ブログ炎上. 57
プロバイダ 106
分散処理技術. 168
分配器 108
ベイジアンネットワーク 101
ペイパーポスト型 19
ベストエフォート型. 110
ポータルサイト 13
ホームゲートウェイ. 109
ホスティング . 110, 112, 113, 166, 167, 186
ポストペイ方式 35–37, 43, 176, 186
ボット 128, 129, 131, 135, 186
ボット対策. 133
本人性 141

ま行

マーケティング 12, 64, 92
マス・マーケティング 66
マルウェア 128, 186
マルチメディア・ターミナル・アダプタ . 109
メッセージ・ダイジェスト 139
メディアコンバータ 109
網膜 146
モデム 108
モバイル FeliCa 46

や行

ユーザ認証 145

ら行

ランサムウェア 131
リコメンデーション 74, 92, 98–104, 177, 186
リコメンデーションエンジン 103
離脱率 73
ルールベース 101, 103
レンタルサーバ 113
ロボット型検索エンジン 83, 186
ロングテール 31, 186

わ行

ワーム 128, 129, 178
ワンクリック詐欺 119, 186
ワンクリック特許 19
ワンタイム・パスワード 145
ワントゥワン・マーケティング 74, 97

著者紹介

片岡信弘（かたおか のぶひろ）（執筆担当章 1, 4, 10, 11 章）

略　歴： 1968 年 3 月 大阪大学大学院 修士課程修了
1968 年 4 月 三菱電機入社
2000 年 4 月 東海大学 教授
2009 年 4 月-現在 東京電機大学 非常勤講師 博士（情報科学）（東北大学）

主　著：「イノベーションを加速するオープンソフトウェア」（共著）静岡学術出版 (2008)，「Web サービス時代の経営情報技術」（共著）電子情報通信学会 (2009) ほか

学会等： 情報処理学会員，電子情報通信学会フェロー

工藤　司（くどう つかさ）（執筆担当章 3, 5, 6, 7 章）

略　歴： 1980 年 3 月 北海道大学大学院 修士課程修了
1980 年 4 月 三菱電機入社
2005 年 3 月 三菱電機インフォメーションシステムズ
2010 年 4 月-現在 静岡理工科大学 教授 博士（工学）（静岡大学）

受賞歴： 2007 年 IWIN 2007 Best Paper Award

学会等： 情報処理学会員，電子情報通信学会員，プロジェクトマネジメント学会員

石野正彦（いしの まさひこ）（執筆担当章 2, 8, 13, 15 章）

略　歴： 1979 年 3 月 慶應義塾大学大学院 修士課程修了
1979 年 4 月 三菱電機入社
2005 年 3 月 三菱電機インフォメーションテクノロジー
2009 年 4 月 福井工業大学 教授
2014 年 4 月-現在 文教大学 教授 博士（工学）（静岡大学）

主　著：「よくわかる行列・ベクトルの基本と仕組み」（共著）秀和システム (2004) ほか

学会等： 情報処理学会員，経営情報学会員

五月女健治（さおとめ けんじ）（執筆担当章 9, 12, 14 章）

略　歴： 1979 年 3 月 大阪大学卒業
1979 年 4 月 三菱電機入社
2003 年 5 月-現在 法政大学 教授 博士（工学）（静岡大学）

主　著：「JavaCC コンパイラ・コンパイラ for Java」テクノプレス (2003)，「yacc/lex プログラムジェネレータ on UNIX」テクノプレス (1996)，「bison/flex プログラムジェネレータ on GNU」啓学出版 (1994)，「C 言語プログラミング入門」啓学出版 (1983) ほか

学会等： 情報処理学会員

未来へつなぐ デジタルシリーズ 1
インターネットビジネス概論
第 2 版

Introduction
to Internet Business
2nd edition

2011 年 10 月 15 日　初　版 1 刷発行
2016 年 2 月 25 日　初　版 2 刷発行
2018 年 3 月 25 日　第 2 版 1 刷発行
2024 年 2 月 20 日　第 2 版 3 刷発行

検印廃止
NDC 336.57, 007.35
ISBN 978-4-320-12434-9

著　者	片岡信弘
	工藤　司
	石野正彦
	五月女健治

ⓒ 2018

発行者　南條光章

発行所　共立出版株式会社
　　　　郵便番号 112-0006
　　　　東京都文京区小日向 4-6-19
　　　　電話 03-3947-2511（代表）
　　　　振替口座 00110-2-57035
　　　　URL www.kyoritsu-pub.co.jp

印　刷　藤原印刷
製　本　ブロケード

一般社団法人
自然科学書協会
会員

Printed in Japan

JCOPY ＜出版者著作権管理機構委託出版物＞
本書の無断複製は著作権法上での例外を除き禁じられています．複製される場合は，そのつど事前に，出版者著作権管理機構（TEL：03-5244-5088，FAX：03-5244-5089，e-mail：info@jcopy.or.jp）の許諾を得てください．

編集委員：白鳥則郎(編集委員長)・水野忠則・高橋 修・岡田謙一

未来へつなぐ デジタルシリーズ

21世紀のデジタル社会をより良く生きるための"知恵と知識とテーマ"を結集し，今後ますますデジタル化していく社会を支える人材育成に向けた「新・教科書シリーズ」。

❶ **インターネットビジネス概論 第2版**
　片岡信弘・工藤 司他著‥‥‥‥208頁・定価2970円

❷ **情報セキュリティの基礎**
　佐々木良一監修／手塚 悟編著‥‥244頁・定価3080円

❸ **情報ネットワーク**
　白鳥則郎監修／宇田隆哉他著‥‥208頁・定価2860円

❹ **品質・信頼性技術**
　松本平八・松本雅俊他著‥‥‥‥216頁・定価3080円

❺ **オートマトン・言語理論入門**
　大川 知・広瀬貞樹他著‥‥‥‥176頁・定価2640円

❻ **プロジェクトマネジメント**
　江崎和博・髙根宏士他著‥‥‥‥256頁・定価3080円

❼ **半導体LSI技術**
　牧野博之・益子洋治他著‥‥‥‥302頁・定価3080円

❽ **ソフトコンピューティングの基礎と応用**
　馬場則夫・田中雅博他著‥‥‥‥192頁・定価2860円

❾ **デジタル技術とマイクロプロセッサ**
　小島正典・深瀬政秋他著‥‥‥‥230頁・定価3080円

❿ **アルゴリズムとデータ構造**
　西尾章治郎監修／原 隆浩他著‥160頁・定価2640円

⓫ **データマイニングと集合知** 基礎からWeb，ソーシャルメディアまで
　石川 博・新美礼彦他著‥‥‥‥254頁・定価3080円

⓬ **メディアとICTの知的財産権 第2版**
　菅野政孝・大谷卓史他著‥‥‥‥276頁・定価3190円

⓭ **ソフトウェア工学の基礎**
　神長裕明・郷 健太郎他著‥‥‥202頁・定価2860円

⓮ **グラフ理論の基礎と応用**
　舩曳信生・渡邉敏正他著‥‥‥‥168頁・定価2640円

⓯ **Java言語によるオブジェクト指向プログラミング**
　吉田幸二・増田英孝他著‥‥‥‥232頁・定価3080円

⓰ **ネットワークソフトウェア**
　角田良明編著／水野 修他著‥‥192頁・定価2860円

⓱ **コンピュータ概論**
　白鳥則郎監修／山崎克之他著‥‥276頁・定価2640円

⓲ **シミュレーション**
　白鳥則郎監修／佐藤文明他著‥‥260頁・定価3080円

⓳ **Webシステムの開発技術と活用方法**
　速水治夫編著／服部 哲他著‥‥238頁・定価3080円

⓴ **組込みシステム**
　水野忠則監修／中條直也他著‥‥252頁・定価3080円

㉑ **情報システムの開発法：基礎と実践**
　村田嘉利編著／大場みち子他著‥200頁・定価3080円

㉒ **ソフトウェアシステム工学入門**
　五月女健治・工藤 司他著‥‥‥180頁・定価2860円

㉓ **アイデア発想法と協同作業支援**
　宗森 純・由井薗隆也他著‥‥‥216頁・定価3080円

㉔ **コンパイラ**
　佐渡一広・寺島美昭他著‥‥‥‥174頁・定価2860円

㉕ **オペレーティングシステム**
　菱田隆彰・寺西裕一他著‥‥‥‥208頁・定価2860円

㉖ **データベース ビッグデータ時代の基礎**
　白鳥則郎監修／三石 大他編著‥280頁・定価3080円

㉗ **コンピュータネットワーク概論 第2版**
　水野忠則監修／太田 賢他著‥‥288頁・定価3190円

㉘ **画像処理**
　白鳥則郎監修／大町真一郎他著‥224頁・定価3080円

㉙ **待ち行列理論の基礎と応用**
　川島幸之助監修／塩田茂雄他著‥272頁・定価3300円

㉚ **C言語**
　白鳥則郎監修／今野将編集幹事・著192頁・定価2860円

㉛ **分散システム 第2版**
　水野忠則監修／石田賢治他著‥‥268頁・定価3190円

㉜ **Web制作の技術 企画から実装，運営まで**
　松本早野香編著／服部 哲他著‥208頁・定価3080円

㉝ **モバイルネットワーク**
　水野忠則・内藤克浩監修‥‥‥‥276頁・定価3300円

㉞ **データベース応用 データモデリングから実装まで**
　片岡信弘・宇田川佳久他著‥‥‥284頁・定価3520円

㉟ **アドバンストリテラシー** ドキュメント作成の考え方から実践まで
　奥田隆史・山崎敦子他著‥‥‥‥248頁・定価2860円

㊱ **ネットワークセキュリティ**
　高橋 修監修／関 良明他著‥‥272頁・定価3080円

㊲ **コンピュータビジョン 広がる要素技術と応用**
　米谷 竜・斎藤英雄編著‥‥‥‥264頁・定価3080円

㊳ **情報マネジメント**
　神沼靖子・大場みち子他著‥‥‥232頁・定価3080円

㊴ **情報とデザイン**
　久野 靖・小池星多他著‥‥‥‥248頁・定価3300円

＊続刊書名＊

・コンピュータグラフィックスの基礎と実践

・可視化

（価格，続刊署名は変更される場合がございます）

【各巻】B5判・並製本・税込価格　　**共立出版**　　www.kyoritsu-pub.co.jp